舰船装备维修性设计分析技术

徐 东　黄金娥　王岩磊　　编著
程红伟　盖京波　祝 琴

国防工业出版社

·北京·

内 容 简 介

本书系统全面地介绍了维修性的基本理论和维修性工程在舰船领域的应用，共分11章，主要包括舰船装备的维修工程、维修性要求、维修性工作项目及要求、维修性建模分配和预计、维修性设计准则及符合性检查、维修性验证与评价、舰船虚拟维修性分析、舰船装备维修性管理等。本书内容全面、实用，可以作为高等院校质量与可靠性工程、船舶与海洋工程等专业本科生和研究生的维修性工程教材，也可供通用质量特性相关工程技术人员开展维修性设计和管理时参考。

图书在版编目（CIP）数据

舰船装备维修性设计分析技术/徐东等编著.
北京：国防工业出版社，2024.7. -- ISBN 978-7-118-13263-2

Ⅰ. E925.6

中国国家版本馆 CIP 数据核字第 2024HE3723 号

※

国防工业出版社出版发行
（北京市海淀区紫竹院南路 23 号　邮政编码 100048）
天津嘉恒印务有限公司印刷
新华书店经售

开本 710×1000　1/16　印张 12¾　字数 220 千字
2024 年 7 月第 1 版第 1 次印刷　印数 1—2000 册　定价 88.00 元

（本书如有印装错误，我社负责调换）

国防书店：(010)88540777　　　书店传真：(010)88540776
发行业务：(010)88540717　　　发行传真：(010)88540762

前　言

　　随着我国国防工业的发展，海军舰船装备越来越复杂，综合性能也越来越先进。舰船装备出厂时不仅要能完成规定的功能，有良好的战术性能，而且要能长期保持这种性能，一旦功能退化或丧失时能够经济有效地恢复这种功能。由于舰船装备大多是长期使用或训练，如何通过设计手段使舰船装备具有保持与恢复性能的能力就显得尤为重要。

　　近年来，海军舰船装备有了明显且迅速的发展，但研制过程中重性能轻可靠性和维修性，成为制约海军装备发展的一项重要因素。维修性是装备质量特性中的一个非常重要的指标，是装备战斗力的倍增器。面对复杂的东海、南海局势，研究舰船的维修性，提高舰船的战备完好率和任务成功性成为保卫国家蓝色领土的重要保障。

　　我国舰船维修性工程研究开展较少，相关维修性理论基础还较为薄弱。这一状况与当前船舶行业蓬勃发展、舰船军事需求日益提高很不相符，舰船维修性研究离工程化要求还有比较大的差距。

　　本书共11章：第1章介绍了维修性思想的发展以及维修理论的形成，阐述了维修性在舰船领域的地位与作用，介绍了维修性的基本概念；第2章介绍了维修工程的相关内容，包括维修策略、维修方案的形成及舰船装备的维修思想等；第3章针对维修性要求进行阐述，其中包含维修性定性要求和维修性定量要求；第4章介绍了维修性的工作项目及维修性设计应遵循的基本原则；第5章从维修性建模进行讲解，对模型进行分类，并介绍了计算方法；第6章为维修性分配的内容，介绍了舰船领域维修性分配常用的几种方法；第7章是维修性预计，介绍了目前舰船装备在设计过程中比较常用的几种预计方法；第8章是维修性设计准则的内容，主要涉及维修性设计一般准则及符合性检查、舰船装备常用件的维修性设计应遵循的常用原则；第9章从定性和定量两个方面介绍了舰船装备维修性验证与评价；第10章介绍了舰船装备目前比较热门的虚拟维修;第 11 章以维修性管理为主要内容介绍了维修性管理的主要工作。

限于作者水平,书中难免有不妥之处,望读者指正。

作者

2024 年 5 月

目 录

第1章 绪论 … 1
1.1 维修与维修性 … 1
1.1.1 维修 … 1
1.1.2 维修性 … 2
1.1.3 维修性工程 … 3
1.2 维修性的作用与地位 … 4
1.3 维修性的发展 … 5
1.3.1 国外维修性的发展 … 5
1.3.2 我国维修性工程的发展状况 … 7
1.4 维修性与可靠性、保障性之间关系 … 8
1.4.1 装备可靠性的含义 … 8
1.4.2 舰船的保障性的含义 … 9
1.4.3 舰船的可靠性、维修性、保障性三者之间的关系 … 10

第2章 舰船装备的维修工程 … 12
2.1 舰船装备特点 … 12
2.2 维修类别 … 13
2.3 维修策略 … 14
2.3.1 维修策略的基本概念 … 14
2.3.2 维修策略的选择 … 16
2.4 维修方案 … 17
2.4.1 制定维修方案的目的 … 17
2.4.2 维修级别的划分 … 18
2.4.3 等级修理的划分 … 20
2.4.4 维修方案的形成 … 21
2.5 预防性维修大纲的制定与管理 … 25
2.6 维修思想 … 26

2.6.1 事后维修为主的维修思想(修复性维修) …………………… 27
 2.6.2 预防为主的维修思想 …………………………………………… 27
 2.6.3 以可靠性为中心的维修思想 …………………………………… 28
 2.6.4 全系统全寿命的维修思想 ……………………………………… 30
 2.6.5 舰船装备的科学维修 …………………………………………… 31

第3章 舰船装备维修性要求 ……………………………………………… 32
 3.1 维修性定性要求 ………………………………………………………… 32
  3.1.1 简化产品和维修操作 …………………………………………… 33
  3.1.2 具有良好的维修可达性 ………………………………………… 33
  3.1.3 优化大型装备进出舱维修通道 ………………………………… 34
  3.1.4 提高标准化和互换性程度 ……………………………………… 34
  3.1.5 具有完善的防差错措施及识别标记 …………………………… 36
  3.1.6 检测诊断准确、快速、简便 …………………………………… 37
  3.1.7 要符合维修的人、机、环工程的要求 ………………………… 37
  3.1.8 考虑预防性维修、战场损伤抢修对维修性的影响 …………… 38
  3.1.9 保证维修安全 …………………………………………………… 38
 3.2 维修性定量要求 ………………………………………………………… 40
  3.2.1 维修性参数体系 ………………………………………………… 41
  3.2.2 维修性的定量描述 ……………………………………………… 43
  3.2.3 可用性函数 ……………………………………………………… 45
  3.2.4 维修性参数 ……………………………………………………… 46
  3.2.5 舰船装备维修性参数的选用 …………………………………… 52
 3.3 维修性指标的不同要求值及其关系 …………………………………… 53

第4章 维修性工作项目及要求 …………………………………………… 56
 4.1 维修性工作总体要求 …………………………………………………… 56
 4.2 维修性工作项目 ………………………………………………………… 60
  4.2.1 维修性及其工作项目要求的确定 ……………………………… 60
  4.2.2 维修性管理 ……………………………………………………… 61
  4.2.3 维修性设计与分析 ……………………………………………… 63
  4.2.4 维修性试验与评价 ……………………………………………… 67
  4.2.5 使用期间维修性评价与改进 …………………………………… 69

第 5 章　维修性建模 ……………………………………… 72

5.1　概述 …………………………………………………… 72
5.1.1　维修性建模目的 ……………………………………… 72
5.1.2　维修性模型种类 ……………………………………… 72
5.1.3　建模的一般要求 ……………………………………… 73
5.2　维修性物理模型 ………………………………………… 73
5.2.1　维修职能流程图 ……………………………………… 73
5.2.2　系统功能层次框图 …………………………………… 75
5.3　维修性数学模型 ………………………………………… 76
5.3.1　维修时间的统计分布模型 …………………………… 76
5.3.2　系统维修时间计算模型 ……………………………… 78

第 6 章　维修性分配 ……………………………………… 82

6.1　概述 …………………………………………………… 82
6.2　分配的一般要求 ………………………………………… 82
6.2.1　维修性分配的目的 …………………………………… 82
6.2.2　维修性分配的指标及产品层次 ……………………… 83
6.2.3　维修性分配的时机与过程 …………………………… 83
6.2.4　维修性分配应考虑的因素 …………………………… 83
6.2.5　维修性分配的主要依据 ……………………………… 84
6.3　维修性分配的工作程序 ………………………………… 84
6.3.1　分析系统维修职能 …………………………………… 85
6.3.2　确定各层次各产品的维修频率 ……………………… 85
6.3.3　分配维修性指标 ……………………………………… 85
6.3.4　权衡分配方案 ………………………………………… 85
6.4　舰船装备常用维修性分配方法 ………………………… 86
6.4.1　等分配法 ……………………………………………… 88
6.4.2　按可用度分配法 ……………………………………… 88
6.4.3　相似产品分配法 ……………………………………… 90
6.4.4　加权因子分配法 ……………………………………… 91
6.5　组织实施 ………………………………………………… 93
6.5.1　分配的组织实施 ……………………………………… 93
6.5.2　分配方法的选用 ……………………………………… 93

6.5.3 分配与维修性估计相结合 ································ 93
6.5.4 分配结果的评审与权衡 ································ 93

第7章 维修性预计 ································ 95

7.1 概述 ································ 95
 7.1.1 维修性预计的目的 ································ 95
 7.1.2 维修性预计的时机 ································ 96
 7.1.3 维修性预计的条件 ································ 96
7.2 维修性预计步骤及方法 ································ 96
 7.2.1 维修性预计的参数 ································ 96
 7.2.2 维修性预计步骤 ································ 97
 7.2.3 维修性预计方法 ································ 97
7.3 回归预计法 ································ 99
7.4 时间累计预计法 ································ 100
 7.4.1 基本原理 ································ 101
 7.4.2 应用程序 ································ 103
7.5 运行功能预计法 ································ 106
 7.5.1 基本原理 ································ 106
 7.5.2 应用程序 ································ 107
7.6 单元对比预计法 ································ 110
 7.6.1 基本原理 ································ 111
 7.6.2 应用程序 ································ 112
7.7 抽样评分法 ································ 114
 7.7.1 基本原理 ································ 115
 7.7.2 应用程序 ································ 118

第8章 舰船装备维修性设计准则及符合性检查 ································ 120

8.1 概述 ································ 120
 8.1.1 维修性设计准则的目的与作用 ································ 120
 8.1.2 维修性设计准则的来源及途径 ································ 120
 8.1.3 制定和实施维修性设计准则的注意事项 ································ 121
8.2 维修性设计准则的一般原则 ································ 122
 8.2.1 简化设计 ································ 122
 8.2.2 可达性 ································ 123

8.2.3　标准化、互换性与模件化 …………………………………………… 124
8.2.4　防差错措施及识别标志 …………………………………………… 126
8.2.5　维修安全性 …………………………………………………………… 127
8.2.6　检测诊断的准确、快速、简便性 …………………………………… 128
8.2.7　贵重件的可修复性 …………………………………………………… 128
8.2.8　维修中人机工程要求 ………………………………………………… 129
8.2.9　不工作状态的维修性 ………………………………………………… 129
8.2.10　便于战场抢修的特性 ……………………………………………… 131
8.2.11　防静电放电损伤 …………………………………………………… 132
8.3　常用件的维修性设计准则 ……………………………………………………… 133
8.3.1　紧固件 ………………………………………………………………… 133
8.3.2　润滑装置 ……………………………………………………………… 134
8.3.3　轴承 …………………………………………………………………… 135
8.3.4　密封件 ………………………………………………………………… 136
8.3.5　接插件 ………………………………………………………………… 137
8.3.6　电器元部件 …………………………………………………………… 138
8.4　维修性设计准则的应用示例 …………………………………………………… 139
8.5　维修性设计准则符合性检查 …………………………………………………… 140

第9章　舰船装备维修性验证与评价 ……………………………………………… 149

9.1　舰船维修性验证与评价的目的 ………………………………………………… 149
9.2　维修性定性要求核查 …………………………………………………………… 149
9.2.1　核查流程 ……………………………………………………………… 150
9.2.2　核查方法 ……………………………………………………………… 151
9.3　维修性定量指标验证 …………………………………………………………… 152
9.3.1　维修性统计试验与评价方法 ………………………………………… 152
9.3.2　维修性演示试验与评价方法 ………………………………………… 165
9.4　维修性试验管理要求 …………………………………………………………… 168
9.4.1　维修性试验的组织管理 ……………………………………………… 168
9.4.2　保证验证与评定正确的要素 ………………………………………… 169
9.4.3　维修性试验与评价计划的制定 ……………………………………… 170
9.4.4　注意事项 ……………………………………………………………… 171

第10章 舰船装备虚拟维修性分析技术 ········ 173
10.1 虚拟维修样机及维修作业建模 ········ 173
10.2 虚拟模型和维修信息的核查和评价 ········ 175
10.2.1 维修性虚拟核查目的 ········ 175
10.2.2 虚拟模型的检查 ········ 175
10.2.3 维修信息的核查和评价 ········ 176
10.3 维修性定性要求的虚拟维修验证 ········ 177
10.4 基于虚拟维修的大型设备出舱模块开发 ········ 180
10.4.1 出舱管理分析流程 ········ 180
10.4.2 出舱管理分析模块具有的功能 ········ 180
10.4.3 实现方案 ········ 180

第11章 舰船装备维修性管理 ········ 183
11.1 维修性管理的作用意义 ········ 183
11.2 寿命周期中的维修性管理 ········ 185
11.2.1 论证阶段 ········ 185
11.2.2 方案阶段 ········ 185
11.2.3 工程研制阶段 ········ 185
11.2.4 使用阶段 ········ 186
11.3 维修性信息收集 ········ 186
11.3.1 维修性信息的重要性 ········ 186
11.3.2 维修性信息的分类 ········ 187
11.3.3 维修性信息收集 ········ 188
11.4 常用的可靠性维修性国家军用标准 ········ 189
11.4.1 重要的国家军用维修性标准 ········ 189
11.4.2 常用的维修性国家军用标准 ········ 191

参考文献 ········ 193

第1章 绪　　论

1.1　维修与维修性

随着国防工业的发展,舰船装备日趋复杂,从而使舰船发生故障的概率大大增加。海上温度、湿度、辐射、振动、冲击波、电磁干扰等各种日趋严酷的自然环境条件和恶劣的战斗条件都会增加舰船装备故障的可能性。当舰船装备发生故障或失效时,就需要维修来快速、经济地恢复装备性能,而能否快速、经济地维修好则取决于装备的维修性设计。

1.1.1　维修

维修是指为恢复或保持装备可靠性水平所进行的维护或修理等活动,包括保养、修理、改装、翻修、检查等。维修贯穿于装备服役的全过程,包括使用和储存过程。

传统的观念认为维修是少数维修人员进行的一种保证性技术性工作,它同装备的设计、试验、生产互不相关。实际上,随着武器装备的大规模试验和日益现代化,装备维修的内容和意义也随之拓展。GJB 451A—2005《可靠性维修性保障性术语》指出,维修(maintenance)是"为使产品保持或恢复到规定状态所进行的全部活动"。这就是说,维修的直接目的是保持装备处于规定状态,不但包括了产品在使用过程中发生故障(损坏)时进行修复,以恢复其规定状态,而且包括在故障(损坏)前,预防故障以保持规定状态所进行的活动。为使产品保持规定状态所需采取的措施称为"维护",也称"保养",如润滑、加燃料、加油和清洁等。

维修工作与故障的检测、产品的测试紧密相关。随着产品日益复杂和任务成功要求不断提高,能否及时并准确地判断产品状态并隔离其内部故障,直接关系到功能恢复和任务成功。于是,人们把及时并准确地确定产品的状态,并隔离其内部故障的能力称为测试性。测试性已发展为一项专门的工程技术。现在我们一般说的维修性仍然包含测试性的含义。

维修贯穿于舰船的整个寿命周期,即由规划、设计、试制、生产、销售、安装、使用、改造直至报废的全过程。做好维修需要三个条件,又称维修三要素,包括:①舰船通过设计赋予的维修性;②维修人员的素质和技术;③维修的保障系统,包括舰员、岸基及支队的人力、技术、测试装置、工具、备件、材料供应等。

1.1.2 维修性

维修性是装备在维修方面具有的特性或能力,是由设计赋予装备的一种固有属性。GJB 451A—2005 认为装备在规定的条件下和规定的时间内,按规定的程序和方法进行维修时,保持或恢复执行规定状态的能力称为维修性。

美国军用标准 MIL–STD721C 把维修性定义为:在特定人员的技术水平下,用规定的程序和方法,在规定的维修条件及维修水平下,产品维修时能保持或恢复到规定状态的能力的度量。

规定条件指维修的机构和场所及相应的人员、技能与设备、设施、工具、备件、技术资料等;规定的时间指维修工作时间;规定的程序和方法指按技术文件规定采用的维修工作类型、步骤、方法等。能否完成维修工作当然还与规定时间有关。

舰船装备的维修性是其通用质量特性的一种,是由设计赋予的使其维修简便、迅速和经济的固有特性,反映了发生故障后进行维修的难易程度;是维修需要付出的工作量大小、人员多少、费用高低以及维修设施先进或落后的综合体现;是由设计、制造等因素决定的一种固有属性,直接关系到设备的可靠性、经济性、安全性和有效性;是装备基本性能参数之一。研究舰船维修性的目的就是保证舰船装备能够"好修"和"修好",当其发生故障时,可以尽可能方便、迅速地得到维修。

提高舰船维修性主要依赖舰船装备的维修性设计,良好的维修性设计能够提高舰船的可维修性,降低维修时间和维修难度,具体包括:

(1)赋予舰船装备良好的可修能力,为舰船装备全寿命周期技术状态的恢复和控制提供保证。

(2)为舰船在一定维修级别上进行维修提供技术依据,为舰船的使用保障分析提供输入。

(3)延长舰船装备的经济寿命,降低全寿命周期费用,使舰船具有良好的经济性。

维修性既是舰船装备可靠性的必要补充,又是装备维修保障决策的重要依据,维修工作的核心是保证装备的可靠性。由于装备的可靠性与维修性密切相关,都是装备的重要设计特性,因此装备可靠性与维修性工作应从论证时开始,提出可靠性与维修性的要求,并在设计阶段开展可靠性与维修性设计、分析、试验、评定等活动,把可靠性与维修性要求落实到设计中。

1.1.3 维修性工程

要使装备具有良好的维修性,需要从论证开始,通过分析、设计、制造、试验、评价等各种工程活动,赋予装备规定的维修性。维修性工作的重点在于装备的研制(或改进、改型)过程,在于装备的设计、分析与验证。所以,维修性工作主要是研制部门、研制人员进行的。这些工程活动构成了维修性工程。因此,维修性工程可以定义为:为了达到产品的维修性要求所进行的一系列设计、研制、生产和试验工作,是系统工程的一个组成部分。舰船装备维修性工程活动的目标可以用"两提高、两降低"来概括,即搞好维修性工作,就可以提高舰船的在航率和战备完好性,提高任务成功性,降低保障资源要求,降低寿命周期费用。

维修性工程以全系统、全寿命的观点为指导,在产品工程研制阶段,通过设计与分析、试验与评价确保新研制和改型的装备达到规定的和隐含的维修性要求;在产品使用阶段通过维修性数据收集、分析、评价及设计改进,实现产品维修性的增长。在寿命周期中落实维修性要求的大致过程如图1-1所示。

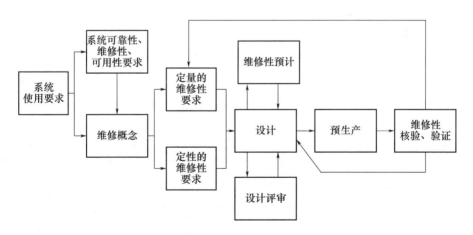

图1-1 寿命周期内的维修性工程

维修性工程的任务按照研制阶段主要有:

(1)在论证阶段,确定装备维修性的定性定量要求。

(2)在方案阶段,通过维修性设计分析,确定装备相应层次的维修性设计方案。

(3) 在工程研制阶段,通过设计分析与试验验证,确定零部件层次维修性设计细节,形成最终的维修性方案。

(4) 在生产阶段,通过试验验证与评价,收集维修性相关数据,进一步分析,改进维修活动。

(5) 在使用阶段,通过维修性数据收集、分析与评价,实现维修性的持续改进。

1.2 维修性的作用与地位

维修是维护和修理的简称。在寿命期内,舰船装备不仅应该具有良好的功能,不发生或很少发生故障,而且希望产品容易维护,一旦发生故障可以方便快捷地修好,恢复其功能。舰艇的维护维修是舰艇在服役期间保证舰艇自身良好状态的必要手段,是舰艇作战能力的直接保障之一。可维修性好的装备,能在最短的时间、以最低限度的资源(人力与技术水平、备件、维修设备和工具等)和最省的费用,经过维修恢复到良好状态。

舰船先天具有的可维修属性,对于舰船战斗性能的保持和恢复至关重要。为适应未来高技术条件下战争的需要,开展维修性方面的研究,改善舰船的维修性,对于提高舰船的战斗力,降低舰船寿命周期费用有着极其重要的意义。主要表现在以下几个方面:

(1) 维修性是提高舰船在航率和战斗力的重要因素,是可靠性的重要补充。

维修性和可靠性一样,是保证舰船功能恢复和可靠的重要因素,是遂行任务和确保安全的需要。产品可靠性容易被人们所认识,但对于舰船这样一个大型复杂系统不可能完全可靠,随着使用时间的延长,总会出现故障,即使出现故障,也能在规定的时间内排除,这样才能应对现代战场上瞬息万变的态势。现代战争突发性强,毁坏性大,这就要求我海军的舰船经常处于良好的战备状态。舰船能否实现召之能来,来之能战,战之能胜,不仅取决于可靠性高低,而且与维修性好坏直接相关。可靠性高,维修性好,可用性水平自然就高,遂行任务的能力就强。如果可靠性虽然很高,但维修性很差,"先天"的维修性如果在设计时未体现到舰船中去,不仅会带来修理困难,系统维修时间长,恢复功能能力弱,平时影响保障任务完成,战时则会贻误战机,危及安全,甚至导致整个战役的失败。

(2) 改善维修性是提高舰船效能的重要途径。

舰船装备的可用性(利用率、完好率)是其可靠性和维修性的综合,可靠性从延长其工作时间来提高其可用性,而维修性则是从缩短维修停机时间来提高其可用性。舰船执行任务时,所处的状态是否正常(可用性),在执行任务期间能否连续工作以及能否成功地完成规定的任务(固有能力),都与舰船产品的维修性密切相关。装备的维修性如何,能否在规定条件下,在规定时间内完成维修,在战前影响装备的战备完好性或舰船在航率;在作战或使用过程中,则影响任务成功性。因此,维修性是系统效能的构成重要因素,改善维修性是提高舰船效能的重要途径。

(3)提高舰船的维修性是降低全寿命周期费用的重要措施。

在舰船装备的研制过程中,可靠性是设计者们追求的主要目标,维修性则一直处于次要地位或被认为是可靠性的分支。随着舰船装备复杂程度的进一步提高,且部分装备还应该与舰同寿,这时,维修性的地位发生了变化。舰船设计者意识到,片面追求高可靠性指标只会导致巨额的费用投入却可能收效甚微。

同时,维修性的好坏,关系到维修所需的时间、工时以及备品备件及其他物资的消耗,影响乃至决定着维修费用。因而,维修性是影响装备全寿命周期费用(LCC)的重要因素。国内外舰船装备的发展证明,随着舰船性能的不断提高,新技术不断地被采用,结构日益复杂化,成本及售价不断上涨,随之而来的维修费用也大幅度增加。据统计,近40年来美军装备维修费约占其他国防费用的14.2%,装备维修已成为各国国防沉重的负担。当前,舰船全寿命周期内的维修费用大约为其购置费用的3~9倍。因此通过合理设计,改善产品的维修性,节省维修费用是产品研制中一项非常紧迫的任务。国外经验表明,在研制中投入1美元改进维修的费用,可望取得减少全寿命周期费用50~100美元的效益。

因此应当把维修性和可靠性同装备的作战性能、费用、研制周期等要求放在同等重要的位置。通过可靠性和维修性指标的综合权衡,一方面可以使得产品始终保持可用状态,提高舰船的在航率;另一方面可以实现舰船的LCC最小。

1.3 维修性的发展

1.3.1 国外维修性的发展

维修性概念最早出现于美国等西方工业发达国家,当时的主要目的是出于军方对于提高武器装备维修保障水平的需要。

1. 萌芽阶段

重视装备(产品)的维修能力已有很长的历史。在20世纪50年代,随着军用电子设备复杂性的提高,武器装备的维修工作量大、维修费用很高。当时大约每 250 个电子管就需要一个维修人员,美国国防部每天要花费 2500 万美元用于各种武器装备的维修,每年约 90 亿美元,占国防预算的 25%。因此,繁重的维修工作及巨额费用引起了美国军方的重视。在 20 世纪 50 年代后期,美国罗姆航空发展中心及航空医学研究所等部门在进行设备设计时,定性地提出了设置维修检查窗口、测试点、显示及控制器等措施,从某种程度上改善了这些设备的维修问题,这便是维修性概念的萌芽。

2. 形成阶段

在 20 世纪 60 年代,各种晶体管及固态电路相继取代了电子管,使军用电子设备的维修性有了显著的改善。然而,电子设备的复杂性也进一步迅速增长,维修性仍是军方研究的重要课题,但其研究重点转入维修性定量度量方法,并提出了以维修时间作为维修性的定量度量参数,为定量预计武器装备的维修性、控制维修性设计过程、验证维修性设计结果奠定了基础。在此基础上,美国海军和空军分别制定了一系列的规范,来保证所研制的武器装备具有要求的维修性。1966 年,美国国防部先后颁发了 MIL-STD-470《维修性大纲要求》、MIL-STD-471《维修性验证、演示和评估》以及 MIL-HDBK-472《维修性预计》等维修性文件,这表明维修性已形成了一门独立的学科。

3. 初步发展阶段

在 20 世纪 70 年代,随着半导体集成电路及数字技术的迅速发展,军用电子设备的设计及维修任务发生了很大变化。1975 年,Ligour 等提出了测试性的概念,设备的自测性、机内测试(Built-In Test,BIT)、故障诊断的概念及重要性引起了设备设计师和维修工程师的关注,设备维修的重点已从过去的拆卸及更换转移到故障检测和隔离。于是,故障诊断能力、BIT 成为维修性设计的重要内容。BIT 技术相继在航空电子设备和其他军用电子设备中得到应用,成为改善其维修性的重要途径。美国国防部联合后勤司令部于 1978 年设立了测试性技术协调组来负责国防部测试性研究计划的组织、协调和实施。同年 12 月,美国国防部颁布的 MIL-STD-471A 通告 II《设备及系统的 BIT、外部测试、故障隔离和测试性特性及要求的验证及评价》规定了测试性的验证及评价的方法和程序。

4. 深入发展阶段

自 20 世纪 80 年代特别是 90 年代以来,武器装备的大型化、复杂化、智能化已成为趋势,为进一步提高维修保障水平,维修性的地位得到了空前的加强。同时随着计算机技术的发展、信息时代的到来,维修性学科也进入了前所未有的蓬勃发展时期。在这一时期中,由于维修性定量化分析的要求及相关技术的发展,维修性学科的发展重点突出在维修性设计分析技术等基础研究。

1.3.2 我国维修性工程的发展状况

我国的维修性工程起步较晚,直到进入20世纪80年代以后,由于自上而下的观念逐渐转变,特别是海湾战争以来世界上的几次局部战争为我们提供的深刻启示,人们逐渐认识到,随着武器装备的日益复杂化以及未来高科技战争的要求,提高武器装备的可靠性、维修性、保障性及降低全寿命周期费用已成为非常迫切的要求。观念和认识的转变推动了近年来我国维修性工程的迅速发展,特别是武器装备的维修性工作取得了显著的成效,主要表现在:

1. 有关文件、标准和法规的制定使得维修性工作从认识到实践逐步规范

为了保证装备在设计、制造和使用管理过程中落实可靠性和维修性要求,自20世纪80年代开始,我国先后成立了一些相关的专门组织并制定了有关文件、法规和标准。1991年5月,国防科工委发出了《关于进一步加强武器装备可靠性、维修性工作的通知》,强调各级领导必须转变观念,把可靠性和维修性放到与性能同等重要的地位来看待,树立以提高武器装备性能、降低寿命周期费用为目标的当代质量观。国防科工委先后发布了《武器装备可靠性维修性管理规定》(1993年)、GJB 450A《装备可靠性工作通用要求》(2004年)、GJB 368B《装备维修性工作通用要求》(2009年)等一系列军用标准,对推动可靠性和维修性工作的法制化、规范化发挥了重大作用。随后关于航空、舰船和陆军装备的相应规定也陆续颁发,标志着我国军事技术领域的可靠性和维修性工作进入了一个全面发展的新阶段。

2. 现役装备维修性改进及在研装备的维修性工作广泛开展

在我军的现役装备中,还有相当一部分由于采用传统的设计思想进行设计,可靠性和维修性水平相对低下,严重影响了战斗力。对此采取的主要措施有:①在装备现有的结构、强度和尺寸的前提下,对某些有利于改善维修性的关键部件、部位进行局部改进,以提高维修可达性及降低人为差错;②对故障频率较高的部件改用优质材料、降低其部位的应力水平或改变其固有频率等,以提高装备的可靠性;③改进维修工具、设备,以提高维修工作效率;④对服役时间较长的舰船进行现代化改装,在提高性能的同时提高维修性。对现役装备进行现代化改装是提高维修性的好途径,而对在研的装备,从早期抓起,将维修性指标在装备设计和研制时就予以考虑则是关键。目前逐步完善的法规与标准,为在研的主要武器装备开展各类可靠性、维修性和管理活动提供了依据。结合具体型号,把可靠

性、维修性定性或定量地纳入装备的战术技术指标,并有计划地组织设计、分析、试验和评审等活动得到了广泛开展。维修性工作已在型号研制中取得了可喜的进展。

综上所述,我国的维修性工作在近 20 年来取得了长足的进步,但由于起步较晚且基础薄弱,与当今世界先进水平相比还有很大的差距。

1.4　维修性与可靠性、保障性之间关系

装备维修对于国防建设和军队战斗力有着重要影响,维修消耗巨大的资源,并同研制、生产与使用密切相关。因此,实现维修及时、经济、有效,就不仅是使用阶段应当考虑的问题,而且是必须着眼装备的全系统、整个寿命周期考虑的问题。与装备维修有关的质量特性,主要是可靠性、维修性和保障性。

在近几场现代局部战争中,各国争相使用各种大型舰船,其构成日益复杂、体系日益庞大、数量日益众多。舰船作为海上作战和运输的重要工具,与以往相比,现代战争更加激烈、战场环境更加复杂、舰船损失更加频繁、保障任务更加繁重。舰船的可靠性、维修性和保障性,越来越成为衡量舰船优劣的重要指标。

1.4.1　装备可靠性的含义

舰船可靠性是指:舰船在规定的使用条件下和规定的时间内,完成规定功能的能力。它是反映舰船耐用和可靠程度、无故障完成任务的一种能力。舰船的可靠性是在舰船系统设计时被赋予的,从应用角度可分为固有可靠性和使用可靠性,前者反映的是设计和制造中的可靠性水平,后者考虑设计、制造、安装环境、维修策略和修理等因素,反映的是在规定使用条件下使用的可靠性。我们所说的舰船可靠性通常指的是后者。舰船的可靠性直接与战备完好性、任务成功、维修人力、保障资源等因素有关。

规定的使用条件包括环境条件(如温度、湿度、振动、冲击、辐射等)、使用的应力条件(载荷条件)、维护条件、储存条件以及使用时对操作人员技术等级的要求等。

舰船的可靠性与规定的时间密切相关。因为可靠性理论建立在"任何一条舰船系统或装备经过一定的使用时间后,总会要失效的"这个基本概念上。所以舰船的可靠性总是随着使用时间的增长而降低。规定的时间是相对于舰船的使用寿命来说的,对于整个舰船系统来说以年计算,对于个体或部件则可以用工作小时或操作次数计算。舰船的可靠性还与规定的功能有紧密关系。规定的功

能是指舰船应具备的战术技术指标。

产品的可靠性越好,故障越少,排除故障、预防故障所需的保障负担就越轻。因此,减少故障以减少维修已经成为可靠性(基本可靠性)设计的一个重要着眼点。保障性是系统设计特性和计划的保障资源能满足平时战备完好性及战时使用要求的能力。这里所指的保障既包括装备的使用保障,又包括维修保障。系统保障性的各种要素,例如维修规划、人力与训练、设备与设施、技术资料、备件等,主要是维修保障的物质与技术基础。同样,保障性要素由研制过程中的设计、规划等活动来赋予。

维修性是与可靠性关系最为密切的质量特性。简单地说,维修性是由设计赋予的使其维修简便、迅速和经济的一种固有特性,它可以定量和定性描述。它取决于装备的结构、连接或安装、配置等因素,是由设计形成的特性。应当指出的是,维修性中的"维修"包括修复性维修、预防性维修、保养和战场损伤修复等内容。在维修过程中的检测、隔离故障(诊断)、修复后的测试,都是维修中的重要活动。随着武器系统的复杂化,系统的测试能力即能否及时、准确地检测隔离故障,确定其状态,已经成为与维修密切相关的重要质量特性,并有成为一种独立的质量特性的趋势。

1.4.2 舰船的保障性的含义

舰船的保障性是指舰船系统的设计特性和计划的保障资源(包括人力)能满足系统平时战备完好性和战时使用要求的能力。舰船的保障性是影响装备战备完好性的重要因素,是战斗力的重要组成部分。

在现代舰船的研制过程中,保障性和可靠性、维修性一样,已经成为与性能特性同等重要的设计要求,并对舰船的作战能力、生存性、机动性、维修和保障费用产生重要的影响。为使舰船具有良好的保障性,就要在舰船的研制过程中,不仅要考虑主装备的性能,还要考虑保障系统的建设、维修规划等保障性要素,将其作为舰船系统的主要组成部分加以综合考虑,通过对保障性要素的综合开发、统一协调,代替单一、孤立的采购和补充,来保证舰船在交付部队时就能形成有效的作战能力,使舰船无论在平时还是在战时,都能够充分发挥、保持和恢复其战术技术性能。

在舰船的研制、生产和使用过程中,为使舰船具有良好的保障能力所进行的一系列技术与管理活动称为"综合保障",具体地说,是指在舰船系统的寿命周期中,为完成规定任务和战备完好性目标,降低全寿命周期费用,综合考虑其保障问题,确定保障性要求,进行保障性设计,规划并研制保障资源,提供所需的一系列管理和技术活动,主要包括规划维修,人力和人员,供应保障,训练和训练保障,保障设备,技术资料,计算机资源保障,保障设施,计量保障,包装、转载、储存、运输,设计接口等 11 个要素。

开展综合保障工作的目的是使舰船以合理的寿命周期费用,在交付部队后迅速形成作战能力并满足规定的战备完好性。因此,综合保障工作要贯穿于整个寿命周期。在舰船系统寿命周期的每一个阶段,都要有明确的综合保障工作内容。

1.4.3　舰船的可靠性、维修性、保障性三者之间的关系

舰船的可靠性综合反映了舰船装备的耐久性、无故障性和使用经济性等。维修性则指舰船装备在规定条件下和规定时间内能够从故障状态恢复到完成规定功能的能力,它是研究装备是否可修及容易维修的问题。

在设计研制阶段,可靠性是目的,维修性、保障性是补充;在使用阶段,可靠性是基础,维修性、保障性是手段;在维修、维护阶段,保障性是基础,维修性是桥梁,可靠性是目的。可靠性必须是建立在满足战技术要求基础上的持续可靠性;维修性要建立在通用、快捷、非专业化及经济基础上;保障性的原则是能少则少、能减则减、能轻则轻、能合则合、能免则免。因此,我们在论证舰船的技术要求和进行设计研究时,不仅注重战斗性能,而且对舰船可靠性、维修性、保障性都要予以足够的重视和详细的考虑,使列装的舰船不仅能够满足一定的战术技术性能要求,还必须满足可靠性、维修性和保障性方面的要求,力求使舰船功能可靠、维修方便、可保障、能保障,进而充分发挥其执行作战任务的能力。

1. 舰船的可靠性、维修性和保障性是相互联系、相互统一的关系

从美国近年来发动的几次局部战争来看,发展舰船仅着眼于战斗性显然已不能满足高技术战争作战规模大、强度高、对抗激烈、装备战损率高、维修任务繁重、物资消耗量大的需要,必须全面、系统地考虑其可靠性、维修性、保障性及其他有关的性能(能力),并预见到这些性能(能力)对寿命周期各阶段所产生的效果与影响;仅注意舰船系统的内在性能(能力)还不够,还必须同时考虑各种外在因素特别是人为因素的制约和影响。

不能把维修保障作为孤立于舰船系统设计以外的、被动的、仅仅是以修理技术为主的业务,而必须以舰船系统的可靠性与维修性作为规划维修保障的重要依据,使保障成为舰船系统的一个子系统,应用系统工程的方法和手段加以处理。也就是说,为了达到预期的有效设计,除了把每一个参量在其本身的学科范围内单独处理外,还必须综合进行处理。既然保障要成为舰船系统的一个子系

统,那么必须在舰船设计研制时就考虑"三性",使之成为舰船系统设计、生产、使用和管理全寿命周期的有机组成部分。

舰船系统的可靠性、维修性、保障性之间存在着辩证的关系。舰船的可靠性、维修性和保障性同其战斗性能一样,成为舰船研制过程中必须通盘考虑的同等重要的设计要求。舰船的这四种性能(能力)不可分割,互相联系,相互统一,在设计时必须加以详细分析论证,通盘考虑。

2. 舰船的可靠性、维修性和保障性是相互影响、相互依存的关系

舰船对可靠性有特殊的要求。不仅要保证每一次任务的可靠,而且要保证全寿命期间使用可靠。因此在舰船服役期间,要对舰船及其装备的可靠性发展变化趋势做出科学的估计和预测,以便及时采取有效措施,防止因可靠性的突变带来严重后果。因此维修系统必须把保持和恢复舰船的可靠性摆在首要位置。从这个意义上讲,可靠性是维修性的基础,维修性要受到可靠性的制约和影响。

可靠性在设计时是着眼于减少或消灭故障,而维修性则是着眼于以最短的时间、最低限度的保障资源和最省的费用,使舰船保持或迅速恢复到良好状态。舰船是特别庞大的系统,要消灭舰船某一种特定故障是可能的,但要消灭一切故障是不可能的,事实上没有哪一种舰船的可靠性是100%的,需要通过恰当的维修来保持和恢复。因此,维修性是可靠性必不可少的补充。

在舰船的全寿命期间,如果没有高的可靠性作"后盾",或者在其服役期内不能通过维修长期保持其性能,甚至动辄难以修复,那么就不能为海军部队作战、训练等任务的完成提供强有力的保障,舰船就无战斗力可言。可以说,舰船的维修性和可靠性是保障性的重要条件,而保障性则是可靠性与维修性的归宿。

第 2 章　舰船装备的维修工程

对于现代复杂舰船装备,即使装备设计得很可靠,但最终都将需要维修。维修工程是维修的理论和实践、技术和管理全部活动的总称,它是装备维修保障的系统工程。舰船装备应该采用什么样的维修方案进行装备的维修?应在何时实施什么样的维修?由谁在何处进行装备维修?需要什么样的维修资源?这是维修保障系统建立过程中必须研究和解决的问题。本章首先介绍维修方案的基本概念、维修级别、维修策略及维修方案的形成;之后,介绍以可靠性为中心的维修、修理级别分析和维修工作确定的有关技术和分析方法。

2.1　舰船装备特点

随着科技的进步和发展以及海军的需求,舰船的复杂程度在不断增大,故障率也随之提高。并且舰船的可靠性要求也在提高,在现有条件不能完全满足可靠性要求的前提下,维修性的重要性凸显。良好的维修性能使舰船的战备完好率和任务成功率显著提高。

开展舰船装备维修性技术的研究,要充分考虑舰船的特点。舰船具有如下特点:

1. 执行任务过程中可维修

舰船执行任务的时间通常都比较长,执行一次任务可能需要数天到数月。在执行任务的过程中,当某个设备出现故障后,允许停机(或在线)实施维修。

2. 结构复杂

舰船是一个超大型复杂系统,由动力系统、电力系统、船舶辅助系统、导航系统和通信系统等组成,每个系统又由许多相互作用的设备组成。随着舰船性能的不断完善,各个设备的结构呈现越来越复杂的趋势。

3. 维修环境复杂

由于舰船装备的维修大部分是在狭小的舱室内进行,相邻设备或舱壁必然会对该设备维修可达性产生影响。另外,由于舰上湿度、温度等环境因素与陆地上有差异,在舰上进行维修时还有波浪带来的纵摇和横摇等影响。舰上维修技术力量有限、维修条件差,而且一般都是在远离后方保障的海域执行作战任务,难以得到其他维修力量的支援,这就要求舰船装备的可靠性高、可维修性好,能够依靠舰上自身力量和有限的工具设备,将出现故障的装备及时地修复,保证顺利完成任务,最大限度地发挥作战效能。

2.2 维修类别

在"以预防为主"维修思想的指导下,舰船装备的维修主要实行定期维修制度,这种维修根据其目的一般情况下通常可以分为:

1. 修复性维修(Corrective Maintenance,CM)

修复性维修又称排除故障维修或修理,是产品发生故障后,使其恢复到规定状态所进行的全部活动。它可以包括下述一项或几项活动:故障定位、隔离、分解、更换、再装、调准及检测等。修复性维修常是非计划的。我国海军舰艇日常维修由舰员、基地修理所和机动修理队进行,主要是舰艇在航期间发生的故障和单一性质的修理工程。如修理工程较大或难度较高,则由修理厂进行修理,舰艇可进厂修理或修理厂派人到舰艇所在港进行修理。三级修理及以上等级的修理需要舰艇进入修理厂进行,中国海军三大舰队在所管辖区域内均有数个舰艇修理厂及电子、武器修理厂,执行舰艇的等级修理和应急修理,保障舰艇的技术状态。

2. 预防性维修(Preventive Maintenance,PM)

船体和设备在训练或使用过程中都会有自然损耗,会随着时间的推移暴露出某些缺陷,发生或大或小的损坏。为了保证能够继续安全使用,必须有计划地进行修理,称为计划维修或预防性维修。计划修理是按舰艇的使用期限,定期进行拆检和修理的一项经常性制度。

3. 临时维修、战场抢修、应急性维修

舰艇临时维修是对舰艇故障、损伤及战损所进行的非预防性修理。舰艇在海上因海战或其他原因受到损伤后无法返航时,由舰员进行修理或派出海上修理机动分队进行修理。

战场抢修指在战场环境中使已损坏或不能使用的装备暂时恢复到能执行任务的一种维修活动,包括装备使用中(如舰船在航行中)和停靠港口时受各种武器打击所造成的损伤,以及战时装备故障或人为差错造成损伤实施的快速修理。

应急性维修是一种更为广泛范围的抢修,指在紧急情况下,采用应急手段和方法使损坏的装备快速恢复必要的功能所进行的突击性维修。

战场抢修、应急性维修是一种特殊环境、特殊场合、特殊事件实施的暂时应对性维修,以快速实现必要功能、保证基本安全为目的的一类维修任务。

4. 改进性维修

改进性维修是指在特殊情况下,经过有关责任单位的批准,以提高装备的技术性能,或弥补设计缺陷,或因特殊用途对装备进行的改装和改进性维修活动。改进性维修实质是改变装备的设计状态,是常规维修的一种延伸。

此外,由于各国把改进与维修结合作为装备发展策略的重要因素,以及通过装备维修为新产品研制提供使用与改进的信息。所以,维修是装备的研制、使用过程必然的延伸,成为装备寿命周期链条上的重要环节。

2.3 维修策略

2.3.1 维修策略的基本概念

维修策略是指装备故障或损坏后如何修理,它规定了某种装备完成修理的深度和方法。维修策略不仅影响装备的设计,而且也影响维修保障系统的规划和建立。在确定装备的维修方案时,必须确定装备的维修策略。装备可采用的维修策略一般可分为:不修复(故障或损伤后即更换)、局部可修复和全部可修复。而对于一个具体部套件的维修策略则只是不修复(整体更换)和修复(原件修复,包括更换其中的部分)。

1. 不修复的产品

不修复的产品是指不能通过维修恢复其规定功能或不值得修复的产品,即故障后即予以报废的产品,其结构一般是模块化的,且更换费用较低。图 2-1 示出了某装备的维修策略。若设计上选定单元 A、B、C 在基层级故障后即报废,则应建立有关机内自检的系统设计准则,以确保在使用中能够将故障隔离到单元。为了便于更换,在设计中应将单元设计得容易装拆(如插入式或采用快速紧固件等)。由于单元故障后即予以废弃,因此,不需要内部的可达性、测试点、插入式组件、模块化等,这样可以使得单元的重量较轻,费用较低。由于维修只限于拆卸和更换,所以不需要维修用的检测设备,人员技能水平要求也较低,维修方法也较简单,但是应将备件储备在规定的维修级别,而备件费用和储备费用可能较高。

2. 局部可修复的产品

产品发生故障后,其中某些单元的故障可在某维修级别予以修复,而另外一些单元故障后则不能修复需予以更换。局部可修复的产品可有多种形式。如图2-1所示,单元中的混频器、驱动器部件在中继级是可修复的,而电路板则在故障后是不修复的。在装备设计的早期,维修策略从哪些产品是可修复的、哪些产品是不可修复的以及在哪一级修复等方面为装备的设计规定了目标。由于在某一维修级别上的决策会对其他级别产生影响,因此,维修策略必须全面考虑涉及的所有维修级别。

3. 全部可修复的产品

如图2-1所示,对于基地级而言,单元A、B内的各个电路板都是可修复的。在这种情况下,设计准则必须包括电路板直到其内部的零(元)件层次。就检测与保障设备、备件、人员与训练、技术资料以及各种设施来说,这种策略需要大量的维修保障资源。

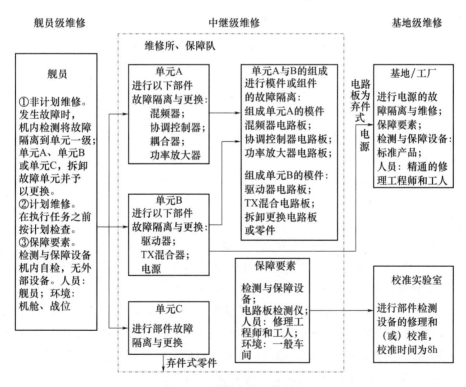

图2-1 某装备的维修策略

2.3.2 维修策略的选择

在选择维修策略时应注意以下几点:

1. 作战使用需求是维修策略选择的首要因素

维修策略的选择,在很大程度上取决于装备的使用(作战)要求。例如,系统的使用要求如果规定了一个非常短的平均停机时间,那么,在基层级只有提供快速修复的能力才能满足该要求。由于基层级人员的技术和拥有设备的限制,要求装备设计能够使故障的判定既方便又正确,且判定故障后能够迅速拆卸和更换故障件。换下的故障件,若是不可修复产品则予以废弃;若是可修复产品则根据修理能力由本级或送上一级修理机构进行修复。对每一种维修策略都可初步确定其保障资源需求。以图 2-1 所示的策略为例,组件、部件层次的备件以及电路板储存在中继级。在基层级不需要外部的检测与保障设备。但是,在中继级应配备组件测试台和电路板检测仪。对人员技能水平的要求应联系维修效果加以规定。对于这些要求的评定,以能否为该系统确定一个最优的维修策略为准则。

2. 对同一产品,不同的维修级别可能有不同的维修策略

不同的维修级别具有不同的维修工作职责和范围,即使对同一产品而言,在不同的维修级别上也可能选择不同的维修策略。例如,基层级由于作战需求及约束,如所拥有的人员数量与水平、设备与设施规模、允许的修理时间等,可能要求维修策略将产品设计成为不可修复产品;但对于基地级,由于其使用维修需求及其修理能力和特点,可能选择其为可修复产品。此外,由于平时和战时维修需求(如修理时间及经费等要求)及修理能力的不同,对于同一产品,同一维修级别也可能有不同的维修策略。在进行维修策略选择时,应从不同方面按照优先顺序对其进行综合权衡。

3. 减少资源消耗是维修策略选择的重要因素

对于现代复杂装备,维修策略选择得恰当与否对于其使用保障费用或全寿命周期费用有着直接的根本性影响,这不仅会影响到维修保障系统运行中人力的消耗,而且直接影响着保障设备、设施的配置以及器材的储存策略与费用。因此,除非根据作战使用需求能明确地辨识出选择何种策略,否则,从节省资源减少消耗的经济性和减少环境污染的角度选择维修策略应是主要的决策因素。

4. 修理浮动(Repair Float)是一种有效的维修策略

修理浮动集可修复产品和不可修复产品的特长,它以保证装备战备完好性为目标,通过在各维修级别储存一定的故障产品的修理浮动量,以确保在现场能

尽快使装备得以修复。当故障产品不能被马上修复时,可从修理浮动中取出代替,待故障产品被修复后,将其又放入修理浮动中。根据作战使用需求,可将装备的任一层次作为浮动以保证规定要求的装备战备完好性。采用该维修策略,可以有效地吸取多个方面(如各维修级别的资源与能力、费用因素、战备完好性等)的特长,但在保障系统运行时,必须预先制订周密的计划。若考虑经济性因素时,需采用优化技术和方法进行优化分析和决策。

由上可见,预定的维修策略直接影响着装备设计和维修保障资源要求。在装备研制过程中,有可能对原定的维修策略进行局部调整。但是,当装备设计及其保障资源完全确定后,具体产品的维修策略,如修复还是弃件,一般地说也就难以改变了。因此,在确立装备的维修方案时,必须首先分析装备的使用(作战)要求,并根据这些要求确定出将能够保证这些要求实现的维修策略。在该阶段,可能会设想出多个不同的维修策略,但最终应把范围缩小到一两个合理的方案,并对其进行详细分析。由于每一个待选方案反映着系统设计和保障的特点,因此,应按照相应的参数指标(如可用度等)和全寿命周期费用予以评价。在规定新研制装备的使用方案和维修方案时,所需数据常常是根据经验或从类似的装备取得,经过对比分析,根据各个方案的相对优缺点选定维修策略。若有两种策略被认为效果较好,维修方案则分别考虑这两种策略,直到取得详细的数据资料能够完成更深入的对比分析为止。

2.4　维修方案

对于现代复杂舰船装备,即使装备设计得很可靠,但最终都将需要维修。采用什么样的维修方案进行装备的维修?应在何时实施什么样的维修?由谁在何处进行装备维修?需要什么样的维修资源?这是维修保障系统建立过程中必须研究和解决的问题。

维修方案(Maintenance Concept)或称维修保障方案,是从总体上对装备维修保障工作的概要性说明,是关于装备维修保障的总体规划。其内容包括:维修类型(如计划维修、非计划维修)、维修原则、维修级别划分及其任务、维修策略、预计的主要维修资源和维修活动约束条件等。

2.4.1　制定维修方案的目的

制定装备维修保障方案的主要目的是:
(1)在装备设计中,为确定装备的保障要求提供基础,为主装备设计和重要的维修保障资源(如测试与保障设备、设施等)设计提供依据。装备的可靠性、维修性和保障性要求实际上都是以某种维修方案为约束的,包含某些参数选择都要以维修方案设想为前提。而在主装备及保障设备的设计中,更要依据维修方案。例如,如果维修方案不允许在使用现场有外部的测试与保障设备,那么,在主装备内应设计某种机内自动检测设备。

(2) 为建立维修保障系统提供基础。在保障性分析中,根据维修方案,针对产品(项目)设计可以确定其维修任务、维修频数与时间、人员数量与技能水平、测试与保障设备、备件、设施及其他资源,以建立装备维修保障系统。

(3) 为制定详细的装备维修计划提供基础,并对确定供应方案、训练方案、供需服务、运输与搬运准则、技术资料需求等产生影响。

要想经济而有效地实现上述目的,在装备论证研制的早期确定使用要求时就应确定装备的维修方案设想,并在装备研制过程中不断加以修订、完善。尽早确定维修方案,有助于设计和维修保障之间的协调,并系统地将其综合为一体。例如,测试与保障设备所具有的功能应与主装备的固有测试性设计以及给定的维修级别所承担的任务相匹配;配备的人员其技能应与设计所决定的产品的维修任务复杂性和难度相匹配;维修方法应根据产品设计及其任务来确定;等等。若未及时确立维修方案,维修级别不明确,维修策略不确定,一方面装备系统的各个组成部分因缺乏统一的标准可能呈现出各种设计途径,难以决策;另一方面各种维修保障要素将难以与主装备相匹配,造成资源的浪费和保障水平的低下。

在研制中针对某型装备制定的维修保障方案及其随之产生的详细的维修计划,与装备投入使用后部队的具体维修方案(平时、战时针对所属各型装备的维修方案)和维修计划(如年度维修计划、修理实施计划等)是有区别的,但前者是后者的依据,后者是前者在使用阶段的落实。在使用阶段的维修实施方案、计划中,遵循研制中的维修保障方案、计划及其形成的保障要素的规定,可以使保障系统良好地运行并与主装备相匹配,充分发挥主装备的可靠性、维修性和保障性及其他作战使用性能。同时,维修方案在装备使用阶段也要在实践中受到检验,并应依据实际情况进行必要的修改和完善。

2.4.2 维修级别的划分

所谓维修级别是指按装备维修时所处场所而划分的等级,通常是指进行维修工作的各级组织机构。各军兵种按其部署装备的数量和特性要求,在不同的维修机构配置不同的人力、物力,从而形成了维修能力的梯次结构。

维修级别的划分是装备维修方案必须明确的首要问题。划分维修级别的主要目的和作用：一是合理区分维修任务，科学组织维修；二是合理配置维修资源，提高其使用效率；三是合理设置维修机构，提高保障效益。

(1) 维修级别的划分应与装备任务及其复杂程度相适应。维修级别是实施装备维修工作的组织机构，在维修保障系统运行过程中，装备任务及其复杂程度直接制约着维修级别的划分，维修级别划分是否合理又直接影响着装备执行任务的效果。通过分析装备作战使用需求、任务复杂程度以及所需实施的装备维修工作，合理地确定与装备任务及其复杂程度相适应的维修级别，并明确各维修级别的维修工作职责和范围，规划装备维修工作所需的各维修级别上的保障资源。

(2) 维修级别的划分应与部队编成相协调。维修机构是整个部队组织机构中的重要组成部分，它受部队编成以及组织指挥体制、后勤保障体制与方式的直接制约。因此，维修级别的划分必须与部队的编成相协调。维修机构的人员、设备、设施等的规模要服从部队编成要求，要适于所编部队实施指挥与管理，要利于组织实施各项装备维修工作。

(3) 维修级别的划分应与部队维修保障系统相协调。部队的维修保障系统直接制约着装备维修级别的划分。部队维修保障系统中的各种资源的数量、规模和配置对装备的维修级别有着直接影响。在确定一种装备的维修级别划分时，首先应考虑与现有部队的维修保障系统相协调，与现有级别划分相一致或从中进行取舍，除非装备特性和使用要求有重大改变，否则，在一个时期内，部队维修保障系统运行中的维修级别划分将不会进行变化，保持相对稳定。

(4) 在划分维修级别时应对各种影响因素进行综合权衡。影响维修级别的要素有多种，除上述3种基本要素外，装备的维修策略、装备的各种特性与要求等也对维修级别的划分有影响。各种影响要素对维修级别划分的要求一般不会完全相同，可能会产生多种划分方案，应对各种影响要素进行综合权衡，选择出最为合理的方案，以确保维修保障系统能够良好地运行。

美军舰艇装备维修作业体系由基层、中继和后方基地三级组成。预防性检修、修理与改装，分别在三级维修作业的相应级中进行。舰艇修理与改装，主要由海军所属的船厂负责，或由商业船厂承包；舰艇预防性检修，则由舰员负责。海军船厂的管理和商业船厂承接舰艇修理、改装的组织实施，由海军作战部下属的海上系统司令部负责。苏联海军的舰艇装备维修管理体系，采用通用装备维修由国防部（通过总装备部）统管，专用装备维修由海军分管的方式，其维修作业体系也采取三级负责制。

我军以舰艇部队维修和工厂修理相结合,早期实行基层(舰员级)、中继和基地三级维修体制,当前主要采用部队级(含基层级和中继级)和基地级两级维修体制。

(1)基层级维修。基层级维修亦称为舰员级维修或现场维修。由舰员承担预防性检修或厂修期间的自修、助修、修后试验验收和战损抢修任务等。由于受维修资源及时间的限制,基层级维修通常只限于装备的定期保养、判断并确定故障、拆卸更换某些零部件。例如,某些电子装备,基层级维修仅限于对装备的日常测试及故障后模块的更换。在基层级,装备使用者的任务是满足装备使用的需求。因此,确定维修方案时必须考虑能够在较短时间内使装备正常工作的维修对策。通常,对基层级维修工作限制其平均修复时间(MTTR)不超过1h。

(2)中继级维修。中继级维修一般由修理所、机动修理队承担,负责小型舰艇的坞(排)修和部分二级修理任务及战场抢修。它比基层级有较高的维修能力,承担基层级所不能完成的维修工作。中继级维修主要负责较为复杂的部队级维修项目,同时负责对基层级维修的支援。由于中继级维修任务的复杂性增大,因此,该级所配置、可利用的工具、设备品种更多,维修人员的技能水平应该更高。例如,对某些电子装备,中继级维修包括测试由基层级拆卸下来的部件,决定是否修理、更换故障元器件等。

中继级维修可以由机动的、半机动的和固定的、专业化的维修机构和设施实施。机动的或半机动的维修分队用于给下属基层分队的作战装备提供靠前支援。这些维修分队通常拥有某些测试与保障设备以及工程车,在基层级维修人员的协助下提供现场维修,以便使装备迅速得以修复。

(3)基地级维修。基地级维修由海军所属修理厂和舰艇装备制造厂承担,负责舰艇的一级修理、二级修理、三级修理等等级修理,以及维修技术支援、战损舰艇装备抢修等。拥有最强的维修能力,能够执行修理故障装备所必要的任何工作,包括对装备的改进性维修。例如,对于某些电子装备,基地级维修可在模块上重新布置全部部件、制造损坏底板的更换件或重装整个装备。

图2-2给出了维修级别之间的关系。一个基地级的维修机构可以支援几个中继级的维修机构。同样,一个中继级的维修机构可以支援多个基层级的机构。

2.4.3 等级修理的划分

中国海军舰艇等级修理分为三级修理、二级修理和一级修理。

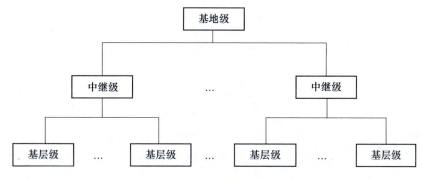

图 2-2 维修级别的相互关系

三级修理也称为坞保，是舰艇定期进入船坞进行检修保养，主要是清除舰艇水下部分的附着物及铁锈，并对机电设备进行维护保养和修理；二级修理是舰艇使用到一定年限后对船体部分及各种装备进行的局部预防性拆检修理，目的是在下次修理前能保持正常的技术状态；一级修理所涉及的工程范围较大，修理的间隔也较长。一级修理是舰艇经过数次三级修理和二级修理以后，进行全面的预防性拆检和修理，使得舰艇基本恢复和保持原有的性能。因一级修理的工程量较大，维修的时间周期较长，故此一些升级和较为大型的现代化改装一般都结合一级修理进行。

2.4.4 维修方案的形成

维修方案的制定是装备寿命周期中最重要的工作之一，其形成过程是一个反复迭代的过程，常常需要进行各种综合权衡分析。例如，采用两级维修还是三级维修；采用修复还是弃件的决策；涉及维修保障的可靠性、维修性和可用度分析；采用机内检测还是外部检测；等等。下面仅以采用两级维修还是三级维修的评估为例，说明维修方案形成的基本过程，如图 2-3 所示。

假设在方案阶段制定系统"X"的维修方案，现需要对是采用两级维修还是三级维修问题进行评估。两级维修（如基层级和基地级）的设计方案为，系统由6个组件构成，要求系统具有通过机内检测故障隔离到组件的能力；故障件拆卸后被予以更换，并将故障件送基地级修理。三级维修的设计方案为，系统由两个模块 A、B 组成，每个模块分别由 3 个组件构成。要求系统能够以在线监测方式将故障隔离到模块级。采用备件更换故障模块，拆卸下的故障件送中继级维修。在中继级采用外部监测方式隔离到组件级，将故障的组件拆卸后用备件加以更换，然后将故障的组件送基地级修理。如图 2-4 所示。

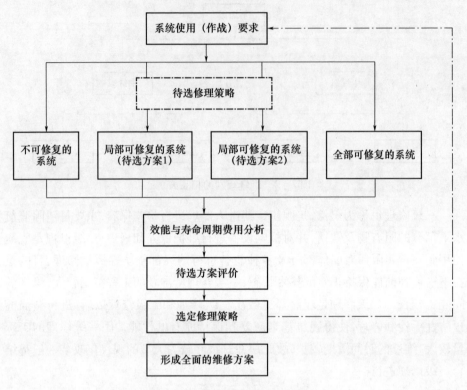

图 2-3 维修策略的评估与优化

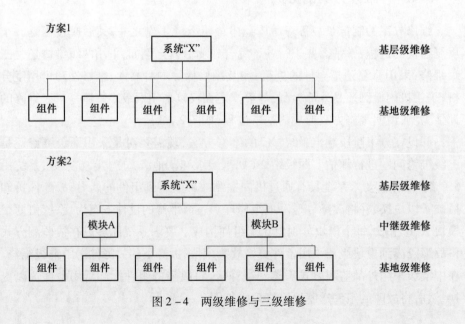

图 2-4 两级维修与三级维修

假设已获得下述信息:

(1)预计系统"X"的年工作时间为2000h,按照设计方案1,系统的采购费用为250000元,按照设计方案2,其采购费用为175000元。两种方案的主要区别是第一种方案要求系统具有较强的在线检测能力。

(2)假设所有组件的可靠性均相同,其故障率为$0.001h^{-1}$,各组件的修复时间也相同且能满足使用备件的要求。

(3)在基层级每次维修的平均人力费用为100元,中继级为200元,基地级为300元。

(4)对于方案1,在基层级需储存3个备用组件才能满足使用(作战)要求,每个备用组件的费用为20000元;对于方案2,在基层级需储存2个备用模块,并且在中继级需储存2个备用组件。模块的费用为50000元,组件的费用为15000元。上述备件的费用包括备件的采购费用及储存费用。

(5)用于保障模块级修理的外部检测设备费用为75000元,组件级的检测设备费用为50000元。这些费用包括设备的使用及维修费用。

(6)在中继级修理的设施费用为75元/次,基地级为30元/次。

(7)对故障模块进行修理的运输费用为100元/次,故障组件为75元/次。假设采用方案1时进行维修所需的计算机及信息资料费用为25元/次,方案2为40元/次。

由上述信息可计算两个方案的各种费用。

系统"X"的年平均故障次数:$0.001 \times 6 \times 2000 = 12$ 次。

年平均维修人力费用和年平均设施费用:

方案1:$12 \times (100 + 300) = 4800$ 元;$12 \times 30 = 360$ 元

方案2:$12 \times (100 + 200 + 300) = 7200$ 元;$12 \times (75 + 30) = 1260$ 元

年平均备件费用和年平均运输费用:

方案1:$3 \times 20000 = 60000$ 元;$12 \times 75 = 900$ 元

方案2:$2 \times 50000 + 2 \times 15000 = 130000$ 元;$12 \times (100 + 75) = 2100$ 元

年平均设备费用和年平均计算机及信息资料费用:

方案1:50000元;$12 \times 25 = 300$ 元

方案2:$75000 + 50000 = 125000$ 元;$12 \times 40 = 480$ 元

两个方案的费用计算结果如表2-1所列。

表2-1 两个维修方案费用比较

费用项目	方案1 费用/元	方案2 费用/元
系统采购	250000	175000

续表

费用项目	方案1费用/元	方案2费用/元
每年维修的人力	4800	7200
备件	60000	130000
设备	50000	125000
设施	360	1260
运输	900	2100
计算机及信息	300	480
合计	366360	441040

由表2-1知,选择方案1,即两级维修较优。显然,上述权衡是以费用为依据的。这是因为在2个方案中,基层级都是采用换件修理(换组件或换模块),其时间都比较短,能够达到使用可用度或战备完好性要求;而换下的组件或模块在中继级或基地级修理时间加上运输及其他延误可能时间稍长,但因修复的产品只用作为基层级的备件,在其修复过程中装备仍在运转(工作),其时间延误不致直接影响使用。所以,示例中未就方案对系统可用度或战备完好性进行比较和评价。一般而言,确定维修方案时需对各种方案进行比较和评价。

总之,维修方案的制定是装备寿命周期中的重要工作,它对于装备的设计方案和装备的维修保障有着重大的影响。维修方案形成后,将从维修方案出发,逐步形成初始的设计要求和维修保障准则。这些准则不仅影响装备系统设计的功能(如故障检测与诊断、标准化及互换性等),而且对系统设计及维修保障资源的采购提供了重要依据。为了保证维修方案的完整性,作为一种最后的检查手段,可以提出如下问题加以确认。

(1)是否定义和确定各维修级别。

(2)是否为每一维修级别确定了其基本的维修职能。

(3)是否确定了维修策略及其维修级别决策的有关准则。

(4)是否确定了有关使用与维修保障的定量指标(如维修频率、修复时间、维修工时、维修费用、运输时间、检测及维修设备的可用度及利用率、备件要求及储存水平、软件可靠性、设施利用率等)。

(5)是否确定了每一维修级别上各种保障要素的设计准则。

(6)是否确定了每一维修级别的环境要求与约束。

上述问题及类似的其他问题的评审有助于维修方案的形成与确定。

2.5 预防性维修大纲的制定与管理

1. 预防性维修大纲的作用

制定预防性维修大纲,即以可靠性为中心的维修大纲(简称大纲),其目的和作用如下:

(1)通过逻辑决断法来确定既技术可行又值得做的预防性维修工作,以最少的资源消耗保持和恢复设备的安全性和可靠性固有水平。设备的安全性和可靠性固有水平是由设计与制造所赋予的,只有进行既技术可行又值得做的工作,这些水平才能充分地体现出来;如维修不良或不当,就会损害其固有水平或消耗过多的维修人力、物力资源。

(2)通过制定预防性维修大纲,能发现将产生重大影响或严重后果的设计缺陷,这也是提高设备可靠性、维修性、保障性和安全性的重要途径。

2. 预防性维修大纲的内容

预防性维修大纲包括预防性维修工作的产品和项目(干什么)、维修方式或维修工程类型(如何干)、维修间隔期(何时干)、维修级别(何处干和谁来干)等内容。具体包括:

(1)需进行预防性维修的产品和项目。

(2)需要采用的维修方式或维修工作类型。

(3)每项预防性维修工作的维修间隔期。

(4)每项预防性维修工作的维修级别。

3. 制定预防性维修大纲的方法

如何制定有效而经济的维修大纲,一直是设备使用部门和研制生产部门探索的问题。过去制定维修大纲的方法,在一定程度上取决于从经验中学到的技艺,因人主观判断而异,缺乏理论上的分析。按照现代维修理论制定预防性维修大纲的方法是以可靠性为中心的维修分析。该方法包括:

(1)系统和装备以可靠性为中心的维修分析方法。

(2)结构以可靠性为中心的维修分析方法。

(3)区域检查分析方法。

(4)预防性维修工作的组合。分析过程必须全部记录,以便评审和监控预防性维修大纲的适用性和有效性。

预防性维修大纲制定完毕后,对维修工作按维修间隔期、维修级别、专业划分等因素进行归并、组合,就可以得到一套维修规程或工作卡。维修工作规程或工作体现了可靠性理论与维修工作时间的有机结合,保证了以最少的资源消耗保持和恢复装备的安全性和固有可靠性水平。

4. 预防性维修大纲的完善

预防性维修大纲是装备维修指导性文件,它不是一成不变的,而是随着装备的使用而不断地进行修改,特别是新研装备的预防性维修大纲,是在缺乏使用维修和故障信息的基础上制定的。因此,必须对初始预防性维修大纲进行修改。另外,随着科学技术的发展,装备的诊断技术不断提高以及装备在使用中暴露的重大问题经研究后的装备改装,都需修改初始预防性维修大纲。

随着使用维修数据的积累,对装备的维修周期的探索情况,也要对初始预防性维修大纲进行修改。为了能对维修周期进行探索,在新研装备投入使用后,应注意以下信息的收集:

(1) 装备实际出现的故障类型及其频度。

(2) 每个故障的后果,包括直接危及安全、严重的使用后果,很高的维修费用,长时间的修理停用以及可推迟排除费用不大的功能故障。

(3) 鉴定故障环境以确定故障是在正常使用中发生的,还是由于某种外界因素所造成的。

(4) 验证部件在使用过程中,设计时所定义的维修类型是否有效。

(5) 某些故障的机理,以决定是否重新设计或改造。

(6) 初始大纲中作为暂定措施的工作是否适用和有效。

(7) 对给出了维修间隔期的机件,若发生故障时应做详细记载,以便查明原因,若不发生故障,也要重新进行维修间隔期的探索。

修改过的预防性维修大纲,可在装备上进行试用,然后再推广。在推广的使用中,要验证修改过的预防性维修大纲是否有效,以便不断重新进行预防性维修大纲的修改以确保装备的安全和任务的完成。

2.6 维修思想

维修思想是对维修实践客观规律的集中反映,是对维修活动的理性认识。维修思想来源于维修实践,是建立在当时所维修的装备、维修人员的技术水平、维修手段和维修条件等客观实际的基础上,同时又随着科学技术发展和维修实践的深入而不断深化的。为了适应我军现代化建设和打赢高技术条件下局部战争的需要,维修思想必须随着科学技术、舰船装备的更新换代和维修环境的变化而不断发展。纵观维修的百年发展历程,维修思想有一个发展和演变的过程,具有代表性的维修思想主要有预防为主的维修思想,以可靠性为中心的维修思想和全系统全寿命的维修思想。

2.6.1 事后维修为主的维修思想(修复性维修)

"修复性维修"是产品发生故障后,使其恢复到规定状态所进行的全部活动。它可以包括下述一个或全部步骤:故障定位(fault location,即确定故障大体部位的过程)、故障隔离(fault isolation,即把故障部分确定到必须进行修理范围的过程)、分解、更换、调准及检测等。不是按预定安排,而是根据产品的某些异常状态或某种需要而进行的修复性维修称为"非计划性维修"。

事后维修属于非计划性维修,它以机械设备出现功能性故障为基础,有了故障才去维修,往往处于被动地位,准备工作不可能充分,难以取得完善的维修效果。

2.6.2 预防为主的维修思想

在20世纪40年代以前,地面装备的维修,一般运用"事后维修"的指导思想,即在装备发生故障以后才维修保养,直到20世纪50年代初才逐渐运用"预防为主"的维修指导思想,这种思想要求在装备上的零部件(元器件)在即将磨损或损坏之前及时进行更换、修理,将维修工作做在故障发生之前,是一种积极主动的维修指导思想。

"预防为主"的维修思想最早是从空军开展的。维修的对象具有空中使用的特点,工作正常与否影响到飞行安全,一开始就建立了预防为主的维修思想。在飞机发展的最初年代,飞机的设计、制造比较简单,发动机剩余功率有限,受重量的限制,不可能采用多的余度技术,任何一个机件出了故障都有可能直接危及飞行安全。基于这种对装备结构特性和故障规律的感性认识,为保证飞机的安全可靠,要求维修工作走在故障的前面,采取事先预防故障的维修措施,逐步形成了"预防为主"的维修思想。

"预防为主"的维修思想的基本观点是认为预防维修与使用可靠性之间存在着因果关系,即认为每个机件的可靠性都与使用时间有直接关系,都有一个可以找到的并且在使用中不得超越的翻修时限,到时必须翻修,翻修得越彻底,分解得越细,防止故障的可能性就越大,装备就越可靠。由于机件磨损(故障)是时间的函数,因此,定时维修就成为预防性维修的唯一方式。舰船装备大多数是机械或机电设备,其检测手段主要靠直观检查,于是拆卸分解的离位维修就成为舰船预防性维修的最主要手段。这种维修指导思想及其方式、方法,与早期舰船装备的发展水平和维修环境条件是相适应的,在舰船装备的维修发展史上占有重要的地位。

2.6.3 以可靠性为中心的维修思想

随着舰船装备的复杂化以及可靠性、维修性理论研究的逐渐深入,人们意识到,有些类型的故障是随机的偶发故障,不论做多少工作,仍然不能彻底防范;某些装备过分强调定时维修,大拆大卸,反而诱发了许多人为故障。这些因素迫使人们对传统的预防为主的维修思想进行再思考,从而催生出了以可靠性为中心的维修思想。

以可靠性为中心的维修思想诞生于20世纪60年代。随着科学技术的发展,舰船装备功能结构日趋复杂化,维修在安全、质量、费用等方面遇到了前所未有的挑战。美国国防部、海军作战部门运用可靠性、数理统计等新理论、新技术,对大量的维修资料和数据进行了统计分析,并逐渐认识到,装备出现故障是可靠性下降的结果,影响装备可靠性下降的因素是多种多样的,维修的主要任务应该是控制影响可靠性下降的各种因素,保持和恢复装备的可靠性。到20世纪60年代中后期逐渐形成了"以可靠性为中心"的维修思想。

以可靠性为中心的维修思想(Reliability – centered Maintenance,RCM),认为维修的出发点和落脚点是装备的可靠性,通过维修来控制或消除使装备可靠性下降的各种因素,保持或恢复舰船装备的固有可靠性。以可靠性为中心的维修思想是对维修客观规律认识的深化。以可靠性为中心的维修思想和预防为主的维修思想,都体现了积极主动的思想,优良的维修工作可以使装备接近或达到它的固有可靠性水平,但不能超过它。如果维修不能保证装备的必要的可靠性水平,那么,这种装备应重新设计或进行改进性维修,以提高其固有可靠性。维修多,并不一定就安全可靠,维修不当反而会使可靠性下降。

GJB 1378A—2007《装备以可靠性为中心的维修分析》对RCM的定义为:按照以最少的资源消耗保持装备固有可靠性和安全性的原则,应用逻辑决断的方法确定装备预防性维修要求的过程。它是用以确定装备预防性维修工作、优化维修制度的一种系统工程方法,也是发达国家军队及工业部门制定军用装备和装备预防性维修大纲的首选方法。以可靠性为中心的维修具有以下重要作用。

(1)预防维修工作的确定更符合实际。装备的故障规律不同,采取的维修方式与工作时机也应不同。对于有耗损性故障规律的装备或部件适宜定时拆修或更换,以预防功能故障或引起多重故障;对于故障具有安全性后果(可能机毁人亡)和隐患性后果(可能造成继发性多重故障而出现危险性后果)的,要进行预防维修;对于无耗损故障规律的装备或部件,定时拆修或更换常常是有害无益的,适宜通过检查、监控,进行视情维修;定时翻修对复杂装备的可靠性几乎不起作用;早期和偶然故障是不可避免的,进行预防维修是没有效果的。因此,为了提高装备的可靠性水平,应根据装备的故障规律,合理开展装备预防维修工作。

(2)故障后果的改变。预防维修能够预防和减少功能故障的次数,但不能改变故障的后果。因为故障的后果,都是由装备的设计特性所决定的,只有更改设计,才能改变故障后果,提高装备可靠性水平。在一般情况下,安全性后果可以通过余度设计、破损安全设计、损伤容限设计等措施而降低为经济性后果。对于经济性后果的故障,应根据作战训练任务的要求以及从经济性上权衡,判断是否进行预防维修。

(3)合理选择预防性维修工作。对装备采用不同的预防性维修工作类型,其消耗资源、费用和难度、深度是不相同的。预防性维修工作类型按所需资源和技术要求,由低到高大致排序是:保养、操作人员监控、使用检查、功能检测、定时维修、定时报废以及它们的综合工作等7种类型。应根据装备的需要选择适用而有效的工作类型,减少不必要的预防性维修工作,从而在保证可靠性的前提下,节省资源和费用。

(4)在实践中提高装备可靠性水平。装备投入使用后,应收集和分析系统及其各组成部分的状况和性能数据资料,这不仅是进行维修工作的基础、修改和修订维修大纲的依据,而且是分析研究可靠性不可缺少的依据,是改进和设计新型设备的关键。预防维修大纲不应当是一成不变的,任何一个使用前制定的维修大纲都只是根据有限的数据资料制定的,因而使用维修保障部门必须在装备整个使用过程中收集实际使用和维修保障信息数据,及时予以补充和修订。另外,使用方维修保障部门是装备的最终用户,是装备性能的检验者。因此,使用方应加强与装备研制部门的沟通和信息交流,以发展性能水平更高、真正符合用户需求的高可靠性装备。

(5)加强维修信息的收集与管理控制。可靠性作为维修的出发点和落脚点,必须建立一个完善的可靠性信息收集与管理控制网络,及时收集和处理舰船装备使用信息、故障信息和维修信息,有效监控可靠性变化,为维修优化和装备改进提供必要的信息支持。以可靠性为中心的维修思想,目前已被世界各国用于舰船装备预防性维修大纲的制定,并在舰船、航天、铁路、核工业等行业得到了广泛应用,增强了维修的科学性、有效性,减少了维修负荷,改善了维修的综合效益,取得了显著的军事效益和经济效益。

2.6.4　全系统全寿命的维修思想

舰船是一种结构复杂、性能先进、使用环境特殊的大系统,舰船的作战使用需要维修保障的支持。为保证舰船装备尽快形成战斗力,必须改变传统的静态、孤立的维修观念,从系统和过程的角度来综合分析影响维修的各种因素,即树立全系统全寿命的维修思想。

所谓全系统,从维修自身来看,一方面,维修是由维修人员、维修对象、维修手段、维修体制、维修制度等诸多要素组成的系统,必须科学地分析系统内部各要素之间的关系和系统与外部其他系统之间的相互联系,全面地权衡舰船装备的维修性与性能、可靠性、测试性、安全性、保障性之间的联系,从而保证装备"先天"就具有良好的维修设计特性;另一方面,维修系统的形成又是过程作用的结果,必须从设计入手,在装备研制的同时统筹规划维修保障的有关要素(如维修人员、设施、设备、器材和技术资料与相关软件等),科学针对维修需求,统一规划和建立维修体制,制定维修制度等,力求在装备部署使用的同时建立起配套的维修保障系统,可靠保证舰船装备的作战使用。

所谓全寿命,是指维修是舰船装备系统管理的有机组成部分,维修应贯穿舰船装备寿命周期过程,以舰船装备作战使用需求为牵引,认真做好舰船装备从论证到退役、报废等各阶段的各项维修活动。在论证阶段,要确定装备的可靠性、维修性、保障性等要求,规划出相应的维修保障方案;在研制阶段,要制定一套能够用于生产维修保障系统各个要素的技术数据和维修保障规划,通过研制提供经过选择的各项维修资源;在生产阶段,要同步制造出维修保障所需要的各种维修保障资源;在使用阶段,则要在装备部署使用的同时,建立健全相应的维修保障系统,适时进行装备维修,最大限度地保持和恢复舰船装备的固有可靠性和安全性;同时,收集并分析装备可靠性、维修性以及维修保障的数据资料,向有关部门提供维修性改进设计的建议,必要时还应对维修保障系统进行调整;在退役(报废)阶段,则应适时调整、撤并相关维修保障系统。

全系统全寿命的维修思想,是维修经验和实践的概括和升华,是舰船装备发展和使用的客观要求,是现代科学技术和先进理论在维修领域综合运用的结果,是对维修规律认识的深化。全系统全寿命的维修思想,以作战使用需求为牵引,综合考虑舰船装备的可靠性、维修性、保障性和经济性,注重运用系统理论和科学方法来认识维修客观规律,注重从系统和发展的角度来规划维修工作,更加注重维修的科学性、有效性和针对性,因而可以更科学、更深刻地反映维修的客观规律,更好地指导维修实践,是维修思想发展演进的一个新阶段,也是维修由经验维修向科学维修迈进的一个新的里程碑。

2.6.5 舰船装备的科学维修

舰船装备科学维修,是以科学的维修理论为指导,以保持、恢复、改善舰船装备可靠性和实现维修综合效益最佳化为目的,遵循客观规律,组织实施合理、适度、及时、有效的维修。

舰船装备科学维修的关键在于树立科学的维修观念。维修在经历不断认识、反复实践、迈向科学维修的进程中,逐步确立了一系列符合客观规律的维修观念,维修观念发生了根本性变化,主要有:

(1)以可靠性为中心的观念。明确可靠与不可靠是维修的基本矛盾,用"是否可靠"替代"是否故障",将可靠性作为维修的基本依据,确立了围绕"保持、恢复"舰船装备可靠性开展维修工作的观念。

(2)系统优化的观念。科学维修运用系统原理和方法,统筹规划舰船装备寿命周期各个阶段、维修系统各个要素的协调发展和配套建设问题,明确了舰船装备科学维修必须从源头抓起,建立了维修系统管理机制,确立了追求整体优化的系统维修观念。

(3)综合效益的观念。改变了重军事轻经济、"干了再算"等传统观念,把经济性指标纳入维修系统建设的目标体系,综合权衡军事效益和经济效益,既注重效率又注重效益,确立了以"满意"的维修综合效益来综合评价维修效果的观念。

(4)技术过程与管理过程辩证统一的观念,把现代管理前沿理论和技术方法及时引入维修领域,应用于维修实践,整合维修资源、优化维修过程、提升维修效能,确立了既依靠维修技术进步,又依靠维修管理整合,以两者有机统一谋求最佳维修效能的观念。

第3章 舰船装备维修性要求

维修性是舰船装备的重要通用质量特性之一,也是装备维修的基础。海军论证部门在装备论证中根据维修需求提出维修性要求。维修性要求是设计的出发点,是验证的依据。

维修性要求主要包括维修性定性要求和维修性定量要求,提出和确定维修性定量和定性要求是获得装备良好维修性的第一步,只有提出和确定了维修性要求,才有可能使维修性与作战性能、费用得到同等对待,才能获得维修性良好的装备。维修性定性要求主要是在维修性实现时对相关技术的要求,是维修性定量要求的技术基础,也是实现维修性定量要求的技术途径。维修性定量要求是维修性在实现时需要达到的相关指标,是维修性定性要求所要实现的目标。

3.1 维修性定性要求

维修性定性要求为使产品能方便快捷地保持和恢复其功能,对产品设计、工艺、软件及其他方面提出的非量化要求,包括简化设计、可达性、标准化等设计要求以及应用某项维修性分析技术等方面的要求。对于装备的维修性定性设计要求,首先是研制时应当实现的要求,同时也是满足维修性定量要求的技术基础。应当说,维修性定性要求对于维修性工作来说是特别重要的,提高装备的维修性要求首先从定性要求做起,这是因为:定性要求是实现定量指标的具体技术途径和保证;旨在使维修简便、快速、经济的许多要求是无法定量表述的;定性要求的落实会促进装备设计人员在设计时想到维修,并和使用单位沟通,提高产品的维修性。

在维修性设计过程中,定性设计要求一般《通过维修性设计手册》《维修性设计指南》等规范性文件对设计人员进行规范,后期再通过评审、实物样机的演示验证等手段方法进行考核。本节将简要介绍维修性定性要求,包括可达性、互换性与标准化、防差错及识别标志、维修安全、检测诊断、维修人素工程、零部件可修复性、减少维修内容、降低维修技能要求等方面。有关实现这些维修性要求的具体设计措施详见 GJB/Z91《维修性设计技术手册》。

3.1.1 简化产品和维修操作

实现产品的结构和外形简单,是改善维修性的重要方面。人们在设计中为提高产品的各种功能,常增加一些组件或采用自动化技术。这虽然有利于减轻人的劳动,但也必然增加产品的复杂程度。而复杂结构的产品,如不采取相应的措施,必定要增加修理的难度和工作量。对此,设计人员必须综合权衡利弊,应在满足规定功能要求的条件下尽量使产品的结构简单化,或者研究如何把可靠性和维修性要求统一到复杂的装置中去,做到简化操作,维修方便、迅速,而维修技术的要求又不高。

3.1.2 具有良好的维修可达性

所谓维修可达性,是指产品在进行检测、维护和修理时,能够迅速方便地到达维修的部位并能操作自如。通俗地说,也就是维修部位能够"看得见、够得着",或者很容易"看得见、够得着",而不需过多拆装、搬运。显然,良好的可达性,能够提高维修的效率,减少差错,降低维修工时和费用。

产品的可达性主要表现在两个方面:一是要有适当的维修操作空间,包括工具的使用空间;二是要提供便于观察、检测、维护和修理的通道。

合理地设置维修通道,是改善可达性的一条重要途径。如美国海军 F-18 舰载机,检修时可打开的舱盖和窗口的面积占飞机面积的 60% 以上,仅检查窗口就有 156 处,实现了维修方便、迅速。我军在对某些舰船进行维修性改进时,新开大型设备进出舱通道、维修通道、窗口多处,广泛使用快速解脱紧固的盖板,大大改善了可达性。

为实现产品的良好可达性,还应满足如下具体要求:

(1) 产品各部分的配置应根据其故障率的高低、维修的难易、尺寸和重量以及安装特点等统筹安排,凡需要维修的零部件,都应具有良好的可达性;对故障率高而又经常维修的部位及应急开关,应提供最佳的可达性。

(2) 为避免各部分维修时交叉作业,可采用专舱、专柜或其他适当形式布局;整套设备的部(附)件应相对集中安装。

(3) 产品特别是易损件、常拆件和附加设备的拆装要简便,拆装时零部件出进的路线最好是直线或平缓的曲线。

(4) 产品各系统的检查点、测试点、检查窗、润滑点、加注口以及燃油、液压、气动等系统的维护点,都应布置在便于接近的位置上。

(5) 需要维修和拆装的产品,其周围要有足够的操作空间。

(6) 维修通道口或舱口的设计应使维修操作尽可能简单方便;需要物件出入的通道口应尽量采用拉罩式、卡锁式和铰链式等不用工具快速开启的设计。

(7) 维修时一般应能看见内部的操作,其通道除了能容纳维修人员的手或臂外,还应留有供观察的适当间隙。

(8) 在允许的条件下,可采用无遮盖的观察孔;需遮盖的观察孔应采用透明窗或快速开启的盖板。

(9) 大型复杂装备管线系统的布置应避免管线交叉和走向混乱。

3.1.3　优化大型装备进出舱维修通道

舰船上大于门、舱口盖尺寸的设备称为大型设备,该类设备在建造中作为封舱件置于各总段或分段的舱室中。一般到了一级修理时需要从舱室中移出舱外进行修理。出舱线路是在大型设备拆解顺序及工艺的基础上,根据设备所处舱室,分析研究线路长度、牵连工程大小以及影响程度等提出的。在舰船维修性设计中必须特别关注设备出舱线路的设计,并开展大型设备的出舱线路分析,进出舱维修通道避开舰船受力结构,不影响强度。

3.1.4　提高标准化和互换性程度

标准化是近代产品的设计特点。从简化维修的角度,它要求在设计时优先选用符合国际标准、国家标准或专业标准的设备、元器件、零部件和工具等软件(如技术要求和程序等)和硬件产品,并尽量减少其品种和规格。实现标准化有利于产品的设计与制造,有利于元器件和零部件的供应、储备和调剂,使产品的维修更为简便,特别是便于军用装备在战场快速抢修中采用换件和拆拼修理。例如美军 M1 坦克由于统一了接头、紧固件的规格等,使维修工具由 M60 坦克的 201 件减为 79 件,大大减轻了后勤负担。

实现标准化并不妨碍产品的改进,当有特殊需要时,也可以进行专项设计。但在一般情况下,应尽量采用标准规格。

互换性是指同种产品之间在实体上(几何形状、尺寸)、功能上能够彼此互相替换的性能。当两个产品在实体上、功能上相同,能用一个去代替另一个而不需改变产品或母体的性能时,则称该产品具有完全互换性;如果两个产品仅具有相同的功能,那就称为具有功能互换性的产品。

互换性使产品中的零部件能够互相替换,这就减少了零部件的品种规格,进而也降低了备品的购置费用,还可提高产品的维修性。

通用化是指同类型或不同类型的产品中,部分零部件相同,彼此可以通用。

通用化的实质,就是零部件在不同产品上的互换性。

模件(块)化设计是实现部件互换通用、快速更换修理的有效途径。模件是指能从产品中单独分离出来,具有相对独立功能的结构整体。电子产品更适合采用模件化,例如一些新式雷达,采用模件化设计,可按功能划分为若干个各自能完成某项功能的模件,如出现故障时则能显示故障部位,更换有故障的模件后即可开机使用。

有关标准化、互换性、通用化和模件化设计的要求如下:

(1)优先选用标准件:设计产品时应优先选用标准化的设备、元器件、零部件和工具等产品,并尽量减少其品种、规格。

(2)提高互换性和通用化程度。

① 在不同装备中最大限度地采用通用的组件、元器件、零部件,并尽量减少其品种。元器件、零部件及其附件、工具应尽量选用能满足或稍加改动即可满足使用要求的通用品。

② 设计时,必须使故障率高、容易损坏、关键性的零部件或单元具有良好的互换性和通用性。

③ 能安装互换的产品,必须可以功能互换。可以功能互换的产品,也应实现安装互换,必要时可另采用连接装置来达到安装互换。

④ 采用不同工厂生产的相同型号的成品件必须能安装互换和功能互换。

⑤ 功能相同且对称安装的部、组、零件,应设计成可以互换的。

⑥ 修改零部件或单元的设计时,不要任意更改安装的结构要素,避免破坏互换性。

⑦ 产品需做某些更改或改进时,应尽量做到新老产品之间能够互换使用。

(3)采用模件化设计。

① 产品应按其功能设计成若干个具有互换性的模块(或模件),其数量应根据实际需要而定;需要在战场更换的部件更应模块化。

② 模块(件)从产品上卸下来以后,应便于单独进行测试、调整。在更换模块(件)后一般应不需要进行调整;若必须调整时,应简便易行。

③ 成本低的产品可制成弃件式的模块(件),其内部各件的预期寿命应设计得大致相等,并加标志。

④ 应明确规定弃件式模块报废的维修级别及所用的测试、判别方法和报废标准。

⑤ 模块(件)尺寸与质量应便于拆装、携带或搬运。质量超过4kg不便握持的模块(件)应设有人力搬运的把手。必须用机械提升的模块(件),应设相应的

吊孔或吊环。

3.1.5 具有完善的防差错措施及识别标记

产品在维修中,常常会发生漏装、错装或其他操作差错,轻则延误维修时间,影响使用;重则危及安全。因此,应采取措施防止维修差错。著名的墨菲定律(Murphy's Law)指出:"如果某一事件存在出现错误的可能性,就一定会有人出错"。实践证明,产品的维修也不例外,由于产品存在发生维修差错的可能性而造成重大事故者屡见不鲜,如某型舰船的燃油箱加油盖,由于其结构存在着发生油滤未放平、卡圈未装好、口盖未拧紧等维修差错的可能性,曾因此而发生过数起机毁人亡的严重事故。因此,防止维修差错就要从结构上消除发生差错的可能性,也就是说,在结构上只有装对了才能装得上,装错了或是装反了就装不上,或者发生差错,就能立即发觉并纠正。

识别标记,就是在维修的零部件、备品、专用工具、测试器材等上面做出识别记号,以便于区别辨认,防止混乱,避免因差错而发生事故,同时也可以提高工效。

对防止差错和识别标志的具体要求如下:

(1)设计时,应避免或消除在使用操作和维修时造成人为差错的可能,即使发生差错也应不危及人机安全,并能及时发现和纠正。

(2)外形相近而功能不同的零部件、重要连接部位和安装时容易发生差错的零部件,应从结构上采取防差错措施或有明显的防止差错识别标记。

(3)产品上应有必要的为防止差错和提高维修效率的标记。

(4)应在产品上规定位置标牌或刻制标志。标牌上应有型号、制造工厂、批号、编号和出厂时间等。

(5)测试点和其他有关设备的连接点均应标明名称或用途以及必要的数据等,也可标明编号或代号。

(6)需要进行注油保养的部位应设置永久性标志,必要时应设置标牌。

(7)对可能发生操作差错的装置应有操作顺序号码和方向的标志。

(8)对间隙较小、周围产品较多且安装定位困难的组合件、零部件等应有定位销、槽或安装位置的标志。

(9)标志应根据产品的特点、使用维修的需要,按照有关标准的规定采用规范化的文字、数字、颜色或光、图案或符号等表示。标志的大小和位置要适当,鲜明醒目,容易看到和辨认。

(10)标牌和标志在装备使用、存放和运输条件下都必须是经久耐用的。

3.1.6 检测诊断准确、快速、简便

产品检测诊断是否准确、快速、简便,对维修有重大影响,特别是电子产品,在其维修时间中检测诊断时间占有很大比例。据统计,在检测手段落后的电子产品维修中,有60%以上的时间用在检测、诊断故障上。因此,在产品的研制初期就应考虑其检测问题,包括检测点配置、选择检测方式与设备等问题,并与产品同步研制或选配、试验与评定。为此,需要对检测问题进行较为详细的讨论。

1. 对检测点配置的要求

(1)检测点的种类与数量应适应各维修级别的需要,并考虑到检测技术不断发展的要求。

(2)检测点的布局要便于检测,并尽可能集中或分区集中,且可达性良好。其排列应有利于进行顺序的检测和诊断。

(3)检测点的选配应尽量适应原位检测的需要。产品内部及需修复的可更换单元还应配备适当数量供修理使用的检测点。

(4)检测点和检测基准不应设在易损坏的部位。

2. 选择检测方式与设备的原则

(1)尽量采取原位(在线,实时与非实时的)检测方式。重要部位应尽量采用性能检测(视)和故障报警装置。对危险的征兆应能自动显示、自动报警。

(2)对复杂的装备系统,应采用机内测试(BIT)、外部自动测试设备、测试软件、人工测试等形成高的综合诊断能力,保证能迅速、准确地判明故障部位。要注意被测单元与测试设备的接口匹配。

(3)在机内测试、外部自动测试与人工测试之间要进行费用效能的综合权衡,使系统诊断能力与费用达到最优化。

(4)测试设备应与主装备同时进行选配或研制、试验、交付使用。研制时应优先选用编制中适用的或通用的测试设备;必要时考虑测试技术的发展,研制新的测试设备。

(5)测试设备要求体积和质量小、在各种环境条件下可靠性高、操作方便、维修简单和通用化、多功能化。

3. 包装产品的检测要求

必须在包装条件下进行检测的产品应能在不破坏原包装的情况下进行检测。

3.1.7 要符合维修的人、机、环工程的要求

人的因素工程(Human Engineering)又称人素工程,是指用科学的知识进行

产品设计以实现有效地使用、维修和人机结合的人的因素领域。主要研究在维修中人的各种因素,包括生理因素、心理因素和人体的几何尺寸与机器的关系,以提高维修工作效率、质量和减轻人员疲劳等方面的问题。其基本要求如下:

(1)设计时,应按照使用和维修时人员所处的位置、姿势与使用工具的状态,并根据人体的量度,提供适当的操作空间,使维修人员有个比较合理的维修姿态,尽量避免以跪、卧、蹲、趴等容易疲劳或致伤的姿势进行操作。

(2)噪声不允许超过 GJB 50A-2011《军事作业噪声容许限值及测量》的标准,如难以避免,对维修人员应有保护措施。

(3)对产品的维修部位应提供自然或人工的适度照明条件。

(4)应采取适当措施,减少装备的振动,避免维修人员在超过 GJB 966-1988《人体全身振动暴露的舒适性降低界限和评价准则》等规定标准的振动条件下工作。

(5)设计时,应考虑维修人员在举起、推拉、提起及转动物体等操作中人的体力限度。

(6)设计时应考虑使维修人员的工作负荷和难度适当,以保证维修人员的持续工作能力、维修质量和效率。

3.1.8　考虑预防性维修、战场损伤抢修对维修性的影响

实践证明,适当的预防性维修、战场损伤抢修的维修对产品维修性有着重要的影响。

因此在设计时还应满足如下要求:

(1)装备应尽量设计成不需要或很少需要进行预防性维修,避免经常拆卸和维修;若必须进行预防性维修,也应使其简便、迅速,减少维修的内容和频率。

(2)应当减少和便于在储存、待机等不工作状态的维修。尽可能采用不工作状态无维修设计的产品;不能实现无维修设计的产品,应减少维修的内容与频率,并便于检测和换件。

(3)应使产品便于在战场上进行抢修。要考虑和提供装备在遭受战斗损伤、缺少维修器材、没有外界动力或能源及恶劣战斗环境下,使之能在短时间内恢复全部功能、部分功能或进行自救的应急措施。

3.1.9　保证维修安全

维修安全性是指能避免维修人员伤亡或产品损坏的一种设计特性。维修性所说的安全是指维修活动的安全。它比使用时的安全更复杂,涉及的问题更多。

维修安全与一般操作安全既有联系又有区别。因为维修中要启动、操作产品,维修安全必须操作安全。但满足操作安全并不一定能保证维修安全,这是由于维修时产品往往要处于部分分解状态而又带有一定的故障,有时还需要在这种状态下做部分的运转或通电,以检查诊断和排除故障。维修人员在这种情况下工作,应保证不会引起电击以及有害气体、燃烧、爆炸、碰伤等事故。同时,只有保证维修活动的安全,维修人员才能放心大胆进行维修操作,消除"后顾之忧",提高维修效率及质量。因此,维修安全性要求是产品设计中必须单独考虑的一个重要问题。

根据国内外有关资料及长期的维修实践经验,为了保证维修安全,有以下一些详细要求。

1. 一般原则

(1)设计时不但应确保使用安全,而且应保证储存、运输和维修时的安全。要把维修安全纳入系统安全性的内容,按照有关国家标准进行分析、设计。

(2)设计时,应使产品在故障状态或分解状态进行维修是安全的。

(3)在可能发生危险的部位上,应提供醒目的标记、警告灯或声响警告等辅助预防手段。

(4)严重危及安全的组成部分应有自动防护措施。不要将损坏后容易发生严重后果的组成部分设置在易被损坏的位置。

(5)凡与安装、操作、维修安全有关的地方,都应在技术文件、资料中提出注意事项。

(6)对于盛装高压气体、弹簧和对于带有高压电等储有很大能量且维修时需要拆装的装置,应设有备用释放能量的结构和安全可靠的拆装设备、工具及防护物。

2. 防机械损伤

(1)运动件应有防护遮盖。对通向运动件的通道口、盖板或机壳,应采取安全措施并做出警告标记。

(2)维修时肢体必须经过的通道、手孔等,不得有尖锐边角。工作舱口的开口或护盖等的边缘都必须制成圆角或覆盖橡胶、纤维等防护物;舱口应有足够的开度,便于人员进出或工作,以防损伤。

(3)维修时需要移动的重物,应设有适用的提把或类似的装置;需要挪动但并不完全卸下的产品,挪动后应处于安全稳定的位置。通道口的铰链应根据口盖大小、形状及装备特点确定,通常应安装在下方或设置支撑杆将其固定在开启位置,而不需用手托住。

3. 防静电、防电击、防辐射

(1) 设计时,应当减少使用、维修中的静电放电及其危害,确保人员和装备的安全。对可能因静电或电磁辐射而危及人身安全、引起失火或起爆的装置,应有静电消散或防电磁辐射措施。

(2) 装备各部分的布局应能防止维修人员接近高压电。带有危险电压的电气系统的机壳、暴露部分均应接地。维修工作灯电压不得超过36V。

(3) 对于高压电路(包括阴极射线管能接触到的表面)与电容器,断电后2s以内电压不能降到36V以下者,均应提供放电装置。

(4) 为防止超载过热而损坏器材或危及人员安全,电源总电路和支电路上一般应设置保险装置。

(5) 复杂的电气系统,应在便于操作的位置上设置紧急情况下断电、放电的装置。

(6) 对电气电子设备、器材产生的可能危害人员与设备的电磁辐射,应采取防护措施,防护值达到有关安全标准。

(7) 激光产品应符合有关标准的要求,以保证维修人员的安全。

4. 防火、防爆、防毒

(1) 设计的产品应使维修人员不会接近高温、有毒性的物质和化学制剂、放射性物质以及处于其他有危害的环境;否则,应设防护与报警装置。

(2) 对可能发生火险的器材,应该用防火材料封装。尽量避免使用在工作时或在不利条件下可燃或产生可燃物的材料;必须使用时应与热源、火源隔离。

(3) 产品上容易起火的部位,应安装有效的报警器和灭火设备。

5. 防核事故

(1) 设计核材料零部件时,应绝对保证零部件在装配、运输、储存、维修过程中的临界安全。

(2) 设计有核材料组成的部(组合)件时,尽可能做到以整体结构交付部队,以减少维修过程中放射性对人员的危害及增加不必要的设备。

(3) 设计核材料零部件时,必须考虑维修过程中对人员与环境的放射防护及安全问题。对可能发生放射性物质污染的核材料零部件应采用有效防护措施。

(4) 设计核材料零部件时,应防止零部件表现氧化、脱落。

3.2 维修性定量要求

维修是与故障作斗争的一种手段,必须适应故障的孕育、生成和发展的全过程。因此,维修包含着广泛的活动内容,如维护保养、检查检修、判定状态、修复、改进等,不同的维修活动应有不同的维修性度量参数。

3.2.1 维修性参数体系

舰船装备看重任务成功保证以及维修、使用保障费用等,与战备完好性、任务成功性以及与维修、使用保障费用有关的维修性参数,构成了舰船装备维修性参数体系的框架。

舰船上不同的装备以及不同的装备结构层次,其维修性需求是不同的。对直接用于作战的装备,如通信、雷达、声纳、武备、指挥系统等,它们与作战时机紧密相连,分秒之差都可能贻误战机,应保证具有较高的快速修复能力,以随时使装备处于可用状态。对保持舰船机动性的装备,如主动力装置、舵装置等,它们与舰船航速性、操纵性紧密相关,它们的故障修复不像作战装备那样要求非常迅速,但它们在维修中耗费的维修工时却相当高,提高它们的舰员级维修能力,往往是改善维修性的重要方面。对舰上大多数的结构性装备(如船体),主要是腐蚀耗损,且耗损过程是渐变的,并不需要随时加以排除,即使产生破损亦须先采取损管措施,保持舰船不沉,才能在海上进行临时修复,其修复过程需较长的时间,对修复的迅速性要求更低。船体维修涉及大量牵连工程,对舱室布置的协调性,大型设备出舱通道的优化等将是改善船体维修性的重要因素。上述各类装备对维修性需求各有侧重,应具有不同的度量参数。

同样,在装备不同的结构层次上,维修性亦有不同要求。对装备的零部件往往要求标准化,增加通用性和互换性;对组合件往往要求模块化,增加模块式更换能力;对整机往往要求能原位修理或整机吊换、轮换修理。大件零部件或设备需要设计专门的出舱通道,减少牵连工程。对此,不同的结构层次,应有不同的维修性要求。

此外,在不同维修级别、不同维修层次上,其维修深度不同,维修性要求亦应不同。在舰员级维修中,需提高维修的简易性和方便性,以提高舰员的日常维护和检修能力;在中继级维修中,需提高装备的船内独立修理能力,以适应装备在海上维修;在基地级维修中,需提高装备配置协调性和修理的独立性,以提高装备修理的经济性,缩短维修时间。

美军通常是从战备完好、任务成功、维修人力费用和后勤保障费用等4个方面来确定维修性参数。与战备完好率有关的维修性参数,如使用可用度、固有可用度;与任务成功率有关的参数,如任务维修度、恢复功能用的任务时间等;与维修人力费用有关的参数,如平均修复时间、平均预防维修时间、平均维修时间、最大修复时间等；与后勤保障费用有关的参数，如每运行小时的直接维修费、每运行小时的维修器材费用等。20世纪80年代，美军又将测试方面的要求列入维修性参数，如故障检测率、故障隔离率、虚警率等。可见，出于不同的维修需求，表达维修性度量值的定量参数是不同的，必须结合实践需求进行选择。

与任务成功性有关的维修性参数，主要是与任务期间发生致使任务失败的故障频率，以及在此期间为恢复功能所需的维修工时有关。与维修人力需求有关的可靠性和维修性参数，涉及对维修人力需要的频度及所需的工时。

与后勤保障需求有关的可靠性和维修性参数，主要说明需要消耗的器材及费用。综合与以上四方面有关的可靠性参数的度量即是基本可靠性，其中仅与任务成功一项有关的度量则是任务可靠性。

与舰船有关的维修性参数如表3-1所列。

表3-1　舰船维修性参数表

序号	参数名称	类型		舰船各系统(含设备)																			反映目标			
		使用参数	合同参数	舰船总体	舰船结构	动力推进系统	潜望镜系统	操纵系统	保障系统	电力系统	导航系统	通信系统	指挥系统	舰载机舰面系统	电子对抗系统	水声系统	导弹系统	舰炮系统	鱼雷系统	水雷系统	反水雷系统	深弹系统	战备完好	任务成功	维修人力费用	后勤保障
1	使用可用度(A_o)	√	△	△	△	△	△	△	△	△	△	△	△	△	△	△	△	△	△	△	△	△	√		√	√
2	固有可用度(A_i)		√	△	△	△	△	△	△	△	△	△	△	△	△	△	△	△	△	△	△	△	√			
3	在航率(n)	√		△																			√			
4	战备完好率	√		△																			√			
5	任务可靠度	√	√	△	△	△	△	△	△	△	△	△	△	△	△	△	△	△	△	△	△		√		
6	维修度	√		△																					√	√	√

续表

序号	参数名称	类型		舰船总体	舰船各系统(含设备)																	反映目标			
		使用参数	合同参数		动力推进系统	潜望镜系统	操纵系统	保障系统	电力系统	导航系统	通信系统	指挥系统	舰载机舰面系统	电子对抗系统	水声系统	导弹系统	舰炮系统	鱼雷系统	水雷系统	反水雷系统	深弹系统	战备完好	任务成功	维修人力费用	后勤保障
7	致命性故障间隔任务时间	√	√	△	△	△	△	△	△	△	△	△	△	△	△	△	△	△	△	△	△	√			
8	平均故障间隔时间	√	√	△	△	△	△	△	△	△	△	△	△	△	△	△	△	△	△	△	△		√		
9	平均修复时间		√	△	△	△	△	△	△	△	△	△	△	△	△	△	△	△	△	△	△			√	√
10	平均维修间隔时间		√	△	△	△	△	△	△	△	△	△	△	△	△	△	△	△	△	△	△			√	√
11	使用寿命	√	√	△	△										△					△					
12	储存寿命	√	√													△		△			△				

注:A_o 表示使用可用度;A_i 表示固有可用度;△表示根据需要选用;√表示一般适用。

3.2.2 维修性的定量描述

由于需要维修的损坏或故障的性质不同,维修时间也各不相同。在维修性定义中自变量始终为时间,而维修性则是一个事件(即成功地完成维修)在规定的时间内将出现的概率。

1. 维修度

维修性的概率表示维修度 $M(t)$,即产品在规定条件下和规定时间内,按照规定的程序和方法进行维修时,保持或恢复其规定状态的概率,可用下式表示:

$$M(t) = P(T \leq t) \tag{3-1}$$

式中：T——在规定约束条件下完成维修的时间；
t——规定的维修时间。

$M(t)$ 表示在一定的条件下，维修时间 T 小于或等于规定时间 t 的概率，它是维修时间 T 的分布函数。显然，维修度是维修时间的递增函数，对于可修复系统，$M(0)=0,M(\infty)\to 1$。

$M(t)$ 也可以表示为

$$M(t)=\lim_{N\to\infty}\frac{n(t)}{N} \tag{3-2}$$

式中：N——送修的产品总数；
$n(t)$ ——t 时间内完成维修的产品数。

在工程实践中，维修度用试验统计或统计数据来求得 $N,M(t)$ 的估计量为

$$\widehat{M}(t)=\frac{n(t)}{N} \tag{3-3}$$

2. 维修时间密度函数

维修度 $M(t)$ 是 t 时间内完成维修的概率，那么其概率密度即维修时间密度函数可表述为

$$m(t)=\frac{\mathrm{d}M(t)}{\mathrm{d}t}=\lim_{\Delta t\to 0}\frac{M(t+\Delta t)-M(t)}{\Delta t} \tag{3-4}$$

$$M(t)=\int_0^t m(t)\,\mathrm{d}t \tag{3-5}$$

同样，$m(t)$ 的估计量为

$$\widehat{m}(t)=\frac{n(t+\Delta t)-n(t)}{N\Delta t} \tag{3-6}$$

式中：$n(\Delta t)$——Δt 时间内完成维修的产品数。

可见，维修时间密度函数的工程意义是单位时间内完成维修的概率，即单位时间内修复数与送修总数之比。

3. 修复率 $\mu(t)$

修复率是在时刻 t 未修复的产品，在时刻 t 之后单位时间内修复的概率。可表述为

$$\mu(t)=\frac{\mathrm{d}M(t)}{[1-M(t)]\mathrm{d}t}=\frac{m(t)}{1-M(t)} \tag{3-7}$$

其估计量为

$$\mu(t)=\lim_{\substack{\Delta t\to 0\\N\to\infty}}\frac{n(t+\Delta t)-n(t)}{[N-n(t)]\Delta t}=\frac{\Delta n(t)}{N_s\Delta t} \tag{3-8}$$

其中 N_s 是时刻 t 尚未修复的产品数。

$$\mu(t) = \frac{m(t)}{1 - M(t)} \tag{3-9}$$

确切地说,修复率是一种修复速率。通常用平均修复率或常数修复率,其意义为单位时间内完成维修的次数,可用规定条件下和规定时间内,完成维修总次数与维修总时间比表示。

对 $\mu(t)$ 的表达式两边积分,便可得到 $\mu(t)$ 与 $M(t)$ 之间的关系式:

$$M(t) = 1 - \exp\left\{-\int_0^t \mu(t)\,\mathrm{d}t\right\} \tag{3-10}$$

3.2.3 可用性函数

1. 固有可用度 A_i

固有可用度 A_i:仅与工作时间和修复性维修时间有关的一种可用性参数。一种度量方法为产品的平均故障间隔时间和平均修复时间的和之比。其计算方法为

$$A_i = \frac{\text{MTBF}}{\text{MTTR} + \text{MTBF}} \tag{3-11}$$

固有可用度是产品在保证规定条件下和理想的用户服务环境下工作,它既不包括预防性或计划性维修(如更换密封、更换机油等)的时间,也不包括维修保障的延误时间。

因此,固有可用度是产品研制和设计者能够通过设计加以控制的,也可以作为装备研制的要求。

2. 可达可用度 A_a

可达可用度 A_a:仅与工作时间、修复性维修和预防性维修时间有关的一种可用性参数。可达可用度既考虑预防性维修又考虑修复性维修,度量方法为产品的工作时间与工作时间、修复性维修时间、预防性维修时间的和之比。其计算方法为

$$A_a = \frac{\text{MTBMA}}{\text{MTBMA} + \text{MMT}} \tag{3-12}$$

式中:MTBMA——平均维修活动间隔时间(产品寿命单位总数与预防维修和修复性维修活动总次数之比);

MMT——平均维修时间;

MMT 可进一步分解,并用预防性维修和修复性维修时间表述:

$$MMT = \frac{F_c \overline{M}_{ct} + F_p \overline{M}_{pt}}{F_c + F_p} \quad (3-13)$$

式中:F_c——每1000h修复性维修活动次数;

F_p——每1000h预防性维修活动次数;

$\overline{M}_{ct}$——平均修复性维修时间(MTTR);

$\overline{M}_{pt}$——平均预防性维修时间。

A_a和A_i的最大差别是可达可用度要考虑预防性和计划性维修活动。

3. 使用可用度 A_o

使用可用度是与能工作时间和不能工作时间有关的一种可用性参数。度量方法为产品的能工作时间与能工作时间、不能工作时间的和之比。使用可用度反映了产品的真实使用环境,是用户最直接的感受。

A_o考虑系统固有可靠性、维修性及测试性、预防性维修和测试性维修,以及管理、使用和保障等各种因素的影响。它能够真实反映装备在不同使用环境下所具有的可用性。A_o常用的计算公式是

$$A_o = \frac{MTBMA}{MTBMA + MDT} \quad (3-14)$$

式中:MDT——平均停机时间(即不能工作时间),包括平均修复时间。

提高装备的固有可用度既可以通过提高装备的可靠性水平,即增大MTBF,也可以通过提高维修性水平,即减少MTTR来实现。提高产品的使用可用度,一方面要努力提高产品的固有可用度,另一方面要努力提高产品的维修保障水平,尽量减少各种影响及时维修的延误时间等。

3.2.4 维修性参数

维修性参数是描述装备维修性的量,是度量维修性的尺度,它直接与装备战备完好、任务成功、维修人力和保障资源需求等目标有关。因此必须能进行统计和计算,必须能反映产品维修性的本质特性并与维修性工作的目的紧密联系起来。

维修性参数可分为以下三类:

(1)维修时间参数,如平均修复时间(MTTR)、系统平均恢复时间(MTTRS)、平均预防性维修时间(MPMT)等;

(2)维修工时参数,如维修工时率(MR);

(3)测试诊断类参数,如故障检测率(FDR)、故障隔离率(FIR)、虚警率(FAR)、故障检测隔离时间(FIT)等。

对维修性参数要求的量值称为维修性指标。维修性的定量要求就是通过选择适当的维修性参数及指标来提出的。下面将介绍一些维修性参数,如维修时间密度函数、修复率、平均修复时间、恢复功能用的任务时间(MTTRF)、修复时间中值等一系列能够确定的维修性参数。

1. 维修时间参数

1)平均修复时间

平均修复时间表示排除一次故障所需时间的平均值,其统计评估方法是:在规定的条件下和规定的时间内,产品在规定的维修级别上,修复性维修总时间与该级别上被修复产品的故障总数之比。这里维修级别是指根据产品维修的深度、广度以及维修时所处场所(或机构)划分的等级,一般分为基层级、中继级和基地级。对舰船来说,基层级也称为舰员级。舰船的维修与其他军兵种有所不同,舰员既是装备的操作使用人员,又是装备的维修人员。

由于修复时间是随机变量,其均值或数学期望为

$$\overline{M}_{ct} = \int_0^\infty t m(t) \mathrm{d}t \tag{3-15}$$

其观测值,即修复时间 t 的总和与修复次数 n 之比:

$$\overline{M}_{ct} = \sum_{i=1}^n t_i / n \tag{3-16}$$

当产品有 n 个可修复项目时,平均修复时间用下式计算:

$$\overline{M}_{ct} = \frac{\sum_{i=1}^n \lambda_i \overline{M}_{cti}}{\sum_{i=1}^n \lambda_i} \tag{3-17}$$

式中:λ_i ——第 i 项的故障修复率;

$\overline{M}_{cti}$ ——第 i 项的平均修复时间。

对于维修时间服从指数分布的情况:

$$\overline{M}_{ct} = 1/\mu \tag{3-18}$$

式中:μ ——修复率,是平均维修时间的倒数。

对于维修时间服从正态分布的情况:

$$\overline{M}_{ct} = \exp\left(\theta + \frac{\sigma^2}{2}\right) \tag{3-19}$$

$$\theta = \frac{1}{n} \sum_{i=1}^n \ln t$$

式中:θ——维修时间 t 的对数均值;

σ——维修时间 t 的对数标准差。

在舰船使用方的合同要求中,最常规定的维修性参数就是 MTTR。而且它也是最早预计方法所采用的参数,也是非维修专业人员最容易理解和确定的参数,并且是在不久的将来也不会被替代的参数。对舰船系统 MTTR 进行研究,不仅能为其他系统维修工时和维修费用研究提供基础,对舰船系统总体可用性、任务可靠度等核心指标的计算也很有必要。

2)恢复功能用的任务时间

恢复功能用的任务时间表示排除严重故障所需实际时间的平均值,它是与任务有关的一种维修性参数。其统计评估方法为在规定的任务剖面中,产品严重故障总的修复时间与严重故障总次数之比。这里所说的严重故障是使产品不能完成规定任务的故障,也就是排除致命性故障所需要实际时间的平均值。致命性故障是指那些使产品不能完成规定任务的或可能导致重大损失的故障或故障组合。任务剖面是指产品在规定的任务时间内所经历的事件和环境的时序描述。

注意:MTTR 和 MTTRF 的均值都是维修时间的平均值,但两者反映的内容不同,前者是在寿命剖面内排除所有故障时间的平均值,是基本维修性的参数,主要反映装备的战备性完好和对维修人力费用的要求。后者近似为在任务剖面内排除致命性故障时间的均值,是任务维修性的参数,主要反映装备对任务成功性的要求。

3)最大修复时间

确切地说,应当是给定百分位或维修度的最大维修时间,通常给定维修度是 95% 或 90%。最大维修时间通常是平均维修时间的 2~3 倍,具体比值取决于维修时间的分布、方差及规定百分位。

维修时间为指数分布时:

$$M_{\text{maxct}} = -\overline{M}_{\text{ct}}\ln(1-p) \tag{3-20}$$

当 $M(t) = 0.95$ 时,$M_{\text{maxct}} = 3\overline{M}_{\text{ct}}$

维修时间为正态分布时:

$$M_{\text{maxct}} = \overline{M}_{\text{ct}} + Z_p d \tag{3-21}$$

式中:Z_p——维修度 $M(t)$ 为 p 时的正态分布分位点,当 $M(t) = p = 0.95$ 时,$Z_p = 1.65$;$M(t) = p = 0.9$ 时,$Z_p = 1.28$;

d——维修时间 t 的标准离差。

维修时间为对数正态分布时:

$$M_{\text{maxct}} = \exp(\theta + Z_p\sigma) \tag{3-22}$$

4)修复时间中值

修复时间中值是指维修度 $M(t)=50\%$ 时的修复时间,又称为中位修复时间。不同情况下,中值与均值的关系不同。

维修时间为正态分布时:

$$\widetilde{M}_{ct} = \overline{M}_{ct} \qquad (3-23)$$

维修时间为指数分布时:

$$\widetilde{M}_{ct} = 0.693 \overline{M}_{ct} \qquad (3-24)$$

选用中值的优点是试验样本量少,对数正态分布假设下可少至 20,而均值则要求 30 以上。在使用以上三个修复时间参数时应注意:修复时间是排除故障的实际时间,不计行政及保障供应的延误时间;不同的维修级别,修复时间不同,给定指标时,应说明维修级别。

各维修性参数之间的关系如图 3-1 所示。

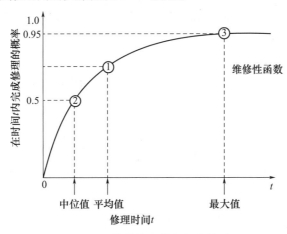

图 3-1 维修性参数之间的关系

5)预防性维修时间

平均预防性维修时间表示某项或某个维修级别一次预防性维修所需时间的平均值,其统计评估方法是在规定的条件下和规定的时间内,产品在规定的维修级别上,预防性维修总时间与预防性维修总次数之比。其公式可仿照平均修复时间的均值。

$$\overline{M}_{pt} = \frac{\sum_{j=1}^{m} f_{pj} \overline{M}_{pjt}}{\sum_{j=1}^{m} f_{pj}} \qquad (3-25)$$

式中:f_{pj}——第 j 项预防性维修的频率,指日维护、周维护、年预防性维修等的频率;

$\overline{M}_{pjt}$——第 j 项预防性维修的平均时间。

6)平均维修时间

装备全部维修活动(排除故障维修与预防维修)时间的平均值。其度量方法为在规定条件下和规定时间内产品预防性维修和修复性维修总时间与该产品计划维修和非计划维修时间总数之比。

$$\overline{M} = \frac{\lambda \overline{M}_{ct} + f_p \overline{M}_{pt}}{\lambda + f_p} \quad (3-26)$$

式中:λ——产品的故障率;

f_p——产品的预防性维修频率。

7)系统或功能重构时间

系统故障或损伤后,重新构成能完成其功能的系统所需的时间。对有余度的系统,是指系统发生故障时,使系统转入新的工作结构所需的时间。

2. 维修工时参数

1)维修工时参数

最常用的工时参数是产品每个工作小时的平均维修工时,又称维修工时率。维修工时率也称维修性指数,反映维修人力消耗,直接关系到维修力量配置和维修费用。维修工时率的统计评估方法是在规定的条件下和规定的时间内,产品直接维修工时总数与该产品寿命单位总数之比。减少维修工时,节省维修人力费用,是维修性工程的目标之一。因此,维修性指数也是衡量维修性的重要指标。需要注意的是,该参数不仅与维修性有关,而且与可靠性也有关,是维修性、可靠性的综合指标。其度量方法为在规定条件下和规定时间内,产品直接维修工时总数与该产品寿命总数之比。

$$M_I = \frac{M_{MN}}{O_h} \quad (3-27)$$

式中:M_{MN}——产品在规定使用期间内的维修工时数;

O_h——产品在规定使用期间的工作小时数和寿命单位数。

2)每工作小时平均修复时间

每工作小时平均修复时间也称为维修停机时间率,表示产品每工作小时维修停机时间的平均值。此处的维修包括修复性维修和预防性维修。反映了产品单位工作时间的维修负担,即对维修人力和保障费用的需求。其度量方法为在规定条件下和规定时间内修复性维修时间之和与产品总工作时间之比。

$$M_{\text{TUT}} = \sum_{i=1}^{n} \lambda_i \overline{M}_{\text{cti}} \quad (3-28)$$

式中:λ_i——第 i 项的故障率;

$\overline{M}_{\text{cti}}$——第 i 项的平均修复时间。

3)维修工时率(Maintenance Ration,MR)

维修工时率是指在规定的条件下和规定的时间内,产品直接维修工时总数与寿命单位总数之比。它是产品每个工作小时的平均维修工时,是一种与维修人力有关的维修性参数。

修复性维修工时是指产品发生故障后,使其恢复到规定状态所进行的全部维修活动的总工时。其定义表达式:

$$\text{MR} = \sum_{i=1}^{n} \lambda_i \overline{M}_{\text{ci}} \quad (3-29)$$

式中:$\overline{M}_{\text{ci}}$——完成第 i 项修复性维修所需的平均工时数。

由于维修性理论是在可靠性理论基础上发展起来的。因而,其参数、指标体系乃至研究方法都与可靠性有着很多相同和相似之处。表 3-2 列出了维修性参数和可靠性参数之间的对应关系。

表 3-2 维修性参数与可靠性参数的关系

序号	可靠性		维修性	
	变量	函数	变量	函数
1	失效时间概率密度函数	$f(t) = \lambda(t)R(t)$ $= \lambda(t) e^{-\int \lambda(t)dt}$ $= \lambda(t)[1-Q(t)]$	修复时间概率密度函数	$m(t) = \mu(t)[1-M(t)]$ $= \mu(t) e^{-\int \mu(t)dt}$ $= \mu(t)[1-M(t)]$
2	失效率	$\lambda(t) = \dfrac{f(t)}{R(t)}$ $= \dfrac{f(t)}{1-Q(t)}$	修复率	$\mu(t) = \dfrac{m(t)}{1-M(t)}$
3	在时间 t_1 时的失效概率(不可靠度)	$Q(t_i) = P(t<t_i)$ $= \int f(t)dt$ $= 1 - \dfrac{f(t_i)}{\lambda(t_i)}$ $= 1 - e^{-\int \lambda(t)dt}$	在时间 t_1 时完成维修的概率(维修度)	$M(t_i) = P(t \leq t_i)$ $= \int g(t)dt$ $= 1 - \dfrac{m(t)}{\mu(t)}$ $= 1 - e^{-\int \mu(t)dt}$
4	平均故障间隔时间	$\text{MTBF} = \bar{t}$ $= \int tf(t)dt$ $= \int R(t)dt$	平均故障修复时间	$\text{MTTR} = \bar{t}$ $= \int tm(t)dt$

3.2.5 舰船装备维修性参数的选用

1. 确定舰船装备维修性定量要求的基本原则

在满足了对维修性的定性要求的基础上,对装备维修性还需要定量描述。描述维修性的量称为维修性参数。维修性定量要求应反映系统战备完好性、任务成功性、保障费用和维修人力等目标或约束,体现在保养、预防性维修、修复性维修和战场抢修等诸方面。不同维修级别,维修性定量要求应不同,不指明维修级别时应是基层级的定量要求。确定维修性定量要求的主要原则有:

(1)在确定维修性要求时,应全面考虑使用要求、费用、进度、技术水平及国内外现役同类装备的维修性水平等因素。

(2)在选择维修性参数时,应全面考虑装备的任务使命、类型特点、复杂程度及参数是否便于度量及验证等因素,参数之间应相互协调。

(3)维修性参数要求应由系统战备完好性、任务成功性、维修人力和保障资源等要求导出,在反映维修性目标的前提下,选取最少的维修性参数,按 GJB 3872A – 2022《装备综合保障通用要求》和 GJB 1909A – 2009《装备可靠性维修性保障性要求论证》的规定,协调权衡确定维修性、可靠性、保障系统及其资源等要求。

(4)订购方可以单独提出关键分系统和设备的维修性要求,对于订购方没有明确规定的较低层次产品的维修性要求,由承制方通过维修性分配的方法确定。

(5)现行的维修保障体制,维修职责分工,各级维修时间的限制是确定指标的重要因素。

2. 舰船装备维修性参数选择的主要依据

(1)装备的使用需求是选择维修性参数时要考虑的首要因素。

对于舰船总体,首先选择反应战备完好性的维修性参数;对于系统和设备,则要选择反应任务维修性的参数。

(2)装备的结构特点也是选定参数的主要因素。

从系统的角度看,舰船本身是一种复杂系统,可以分为总体、一级系统、二级系统、设备、部件等。舰船上既有复杂的机械设备,同时又有在维修时间中检查、调整占大比例的电子设备。

对于以机械部件为主的装置,舰员级维修时的拆卸、更换、装配和预防维修往往是影响维修时间的主要因素,要选择反映预防维修和拆卸、更换时间的相关参数。

(3)维修性参数的选择要和预期的维修方案结合起来考虑。

借鉴现有类似装备使用的参数。现有装备的维修性参数是经过实践检验的,新研类似装备就可以借鉴使用。

(4)选择维修性参数必须同时考虑指标如何考核和验证。

指标无法评估验证的参数只能作为使用参数提出,不能作为合同参数。

3. 不同研制阶段维修性参数选择的工作内容

(1)论证阶段参数选择的工作内容如下:

① 订购方在对新装备进行使用需求分析时,应对现役装备和相似产品的可靠性和维修性状况及存在的问题进行分析;

② 订购方初步确定新装备的寿命剖面,任务剖面及使用和保障等方面的约束条件;

③ 订购方在上述工作的基础上,从战备完好性、任务成功性、维修人力费用和保障费用等方面提出综合反映新装备作战、训练、维修等使用和保障需求的初步的可靠性和维修性要求;

④ 订购方与有关部门协商,选择新装备的维修性使用参数,经与性能、进度和费用等因素综合权衡后,提出目标值和门限值,并进行风险分析与评价;

⑤ 维修性使用指标经评审后,纳入有关战术技术要求文件中。

(2)方案阶段参数选择和指标确定的工作内容如下:

① 承制方根据战术技术要求和约束条件,提出基本的维修方案;

② 承制方根据维修性使用指标进行可靠性和维修性方案设计和分析;

③ 订购方与承制方协商,确定维修性合同指标,经评审后,纳入研制任务书和合同中;

④ 承制方根据维修性指标分配的结果,与转承制方协商后,将分配值纳入有关的转承制合同中。

(3)工程研制和定型阶段的工作内容如下:

工程研制和定型阶段中,维修性指标一般不应变动,若确需调整时,必须严格履行有关的审批手续。

3.3 维修性指标的不同要求值及其关系

根据应用场合的不同,可分为使用维修性或合同维修性参数两类。使用参数通常考虑装备的使用要求、保障条件和指挥管理等方面的因素,即在这些因素影响下应当满足的维修性要求。由于一些保障条件和指挥管理因素不是承制方在研制生产过程中能够控制和确定的。所以,有些使用参数不能直接作为合同参数。合同参数则是在合同或研制任务书中用以表述订购方对装备维修性要求的,并且是承制方在研制与生产过程中能够控制的参数,反映了合同中使用的易于考核度量的维修性要求,它更多地是从承制方的角度来评价产品的维修性水平。

由战备完好性要求和任务成功性要求导出的是使用维修性要求,使用维修性要求用使用维修性参数和使用值描述,主要作为用户描述装备的使用需要,如平均停机时间(MDT)、维修工时率(MR)等。使用维修性要求需要转换为承制方在研制过程中可以控制的合同要求,合同要求用维修性合同参数和合同值描述,涉及需对承制方控制的事项。维修性合同参数一般采用维修性设计参数,如平均修复时间、平均维护时间(MTTS)等。表 3-3 为使用维修性与合同维修性比较。

表 3-3 使用和合同维修性对比

合同维修性	使用维修性
① 用于定义、度量以及评价承制方的项目; ② 由使用要求导出; ③ 合同维修性目标的实现应能保证可靠性和使用维修性要求; ④ 用固有值来表示; ⑤ 只考虑承制方能够控制的因素; ⑥ 只考虑设计和制造的影响; ⑦ 典型参数: (a)MTTR(平均修复时间); (b)MTTS(平均维护时间)	① 用来描述在计划环境中使用的性能; ② 不能作为合同要求; ③ 用来描述在实际使用中所需要的维修性性能水平; ④ 用使用值表述; ⑤ 考虑所有因素; ⑥ 包括了设计、质量、安装环境、维修策略、修理、延误等的综合影响; ⑦ 典型参数: (a)MDT(平均停机时间); (b)MR(维修工时率); (c)MTTR(平均修复时间)

维修性的量值称为维修性指标。门限值和目标值都是维修性的使用指标。门限值是装备必须达到的使用指标,如果达不到这一最低的维修性要求,研制出来的装备将不能满足使用要求或难以进行装备保障。门限值是确定合同或研制任务书中最低可接受值的依据;目标值是期望舰船装备达到的使用指标。如果达到这一要求,可以保证武器装备满足使用要求。目标值是确定合同或研制任务书中规定值的依据。

最低可接受值是合同或研制任务书中规定的、装备必须达到的合同指标,它是考核或验证的依据。装备满足最低可接受值要求是能否设计定型的起码条件,也是保证装备能够正常使用的基本条件。规定值是合同或研制任务书中规定的期望装备达到的合同指定的水平。

可见使用参数与合同参数的转换,主要是向 MTBF 的转换。表 3-4 和表 3-5分别为使用参数与合同参数的转换,以及使用参数之间的转换。

表 3-4 使用指标与合同指标

使用指标		合同指标	
目标值	门限值	规定值	最低可接受值
期望装备达到的使用指标,它既能满足装备的使用需求,又可使装备达到最佳的效费比,是确定规定值的依据	装备必须达到的使用指标,它能满足装备的使用需求,是确定最低可接受值的使用依据	合同和研制任务书规定的期望装备达到的合同指标,它是承制方进行可靠性设计的依据	合同和研制任务书中规定的、装备必须达到的合同指标,它是进行考核或验证的依据

表 3-5 使用参数 - 合同参数转换模型

A_0	$MTBF = (DTF)/(OT)/[(1 - A_0)(TT) - TPM]$
MFHBF	$MTBF = K_2 \times MFHBF$
MTBM	$MTBF = K_4 \times MTBCF$
MTBM	$MTBF = K_8 \sqrt{MTBM/K_7}$
$MTBMA_{ct}$	$MTBF = K_2 \times K_3 \times MTBMA_{ct}$

第4章 维修性工作项目及要求

海军舰船装备要求按 GJB 368B《装备维修性工作通用要求》建立维修性工作系统,负责装备的维修性管理,进行可靠性和维修性分析,开展维修性设计,进行维修性试验、验证和评估等工作,目的是确保新研制和改型的装备达到维修性要求,满足装备战备完好性和任务成功性要求,降低保障资源要求,减少全寿命周期费用,并为装备全寿命管理和维修性持续改进提供必要的信息。

4.1 维修性工作总体要求

根据国内外维修性工程的实践,在装备维修性设计与验证中需要遵循一些基本的原则,从而使维修性工作能够取得较好的费用效益。

1. 明确要求,了解约束

产品的维修性是在用户使用阶段的维修中体现的质量特性。因而,在产品设计与研制过程中,维修性往往不像某些性能要求、参数那样易于掌握、显现。国内外的工程实践证明,一些产品的维修性不好,并不是"做不好",而是"未想到"。实际上就是用户没有把维修性要求及有关使用维修的约束条件说明白,承制方没有能对这些要求和条件有全面、深入而准确的理解。所以,明确了解用户要求及约束条件是维修性设计的起始点。其主要作用是:

(1)维修性要求和约束条件是设计的依据,只有把定量指标、定性要求转化为维修性技术途径,并落实到各层次产品的设计中,维修性目标才能实现。

(2)明确要求和约束条件是确定维修性设计重点的基础。例如,某产品研制中通过分析用户提出的维修性要求,把实现模件化、电子系统自检等作为设计重点,比较好地解决了这些技术难题等历来没有解决的问题。

(3)明确要求和约束条件是分析和找出设计缺陷的依据。

(4)明确要求和约束条件是指标权衡和方案权衡的重要依据。

为了全面深入而正确地明确用户要求和约束条件,要注意以下几个方面:

(1)使用部门提出维修性大纲要求是承制方明确要求的主要依据。使用部门在指标论证中对维修性指标的依据、可行性的分析,同类产品维修性水平的分析,产品寿命剖面、任务剖面及其他约束条件的分析,维修性指标考核的方案等都是承制方明确要求和约束的依据。

(2)承制方要全面了解使用部门的要求,不宜局限于定量指标数据的争执,而要包括对定性要求、工作项目要求、考核要求的全面理解。当指标是分阶段给出时,要掌握其全部情况,以便在设计中充分考虑用户的最终要求,在初始设计中就为维修性增长创造条件。

(3)要对维修性要求和约束条件做深入分析,包括必要的维修性分配、估计,进而明确维修性设计的重点和难点、必需的保障条件。对约束条件的分析,不但包括研制周期、费用,而重点是使用维修条件,例如使用与维修的自然条件,维修级别划分,可用于保障任务的人员、设备、设施等资源的约束。对军用装备,还要考虑储备状态的要求。

(4)明确和理解维修性要求及约束条件是一个过程。承制方要对使用部门在指标论证中提出的维修性定性定量要求,对方案阶段提出的维修性大纲要求进行分析、消化、接纳,然后制订维修性保证大纲及工作计划,作为整个维修性工作的依据。而随着设计的深入,对维修性要求和约束条件的理解还要逐步深化,作为进一步设计、研制的基础。

2. 系统综合,同步设计

维修性工作必须纳入装备的研制工作,统一规划,协调进行。应积极采用并行工程的方法,实现各类工程活动的综合协调。发达国家在工程实践中,强调将维修性作为产品的一项质量特性,强调把维修性工程纳入研制过程的系统工程中。几年来我国也注意到应当对产品性能、可靠性、维修性、安全性、保障性等质量特性进行系统综合和同步设计。从产品论证开始,就应当进行质量、进度、费用之间的综合权衡,以取得其最佳的效能和寿命周期费用。

装备论证阶段应对维修性要求充分论证,并与相关特性及资源相协调,保证维修性要求合理、科学并可实现。强调维修性与其他质量特性系统综合、同步设计是因为:维修性同可靠性、性能(固有能力)、安全性、保障性、人素工程等都是产品效能和寿命周期费用的主要因素。这些质量特性目的一致性使其综合权衡,同步设计成为必要和可能。

(1)维修性与其他质量特性的设计、实验工作不可分,互为前提。特别是与可靠性、保障性和安全性等设计特性的关系更为密切。只有同步协调设计才能减少和避免不必要的重复,缩短研制周期并节省费用。

(2)维修性与其他质量特性最终都要由装备、软件设计来实现,都要由具体产品设计人员来落实。而这些质量特性也是有矛盾的。比如,要求维修简便,最好普遍采取插接,而插接则不那么牢固、可靠。所以,必须在质量特性之间进行权衡,求得整体优化。这也就要求同步设计,同时考虑各项质量要求。

为实现系统综合、同步设计,应当:

(1)要把维修性工作纳入装备工程项目的研制计划,要按照工程项目计划来安排各项维修性工作。其中维修性设计主要是在方案阶段、工程研制阶段进行,维修性正式验证(鉴定)通常在定型阶段进行。所谓同步设计,就是说要克服传统设计观念,即先上性能,维修保障等到设计定型或快要定型再来考虑。维修性的设计、试验、评审,凡是能与整个工程项目设计、试验、评审结合的,要尽量结合进行,以减少和避免重复工作。

(2)要使维修性与可靠性、综合保障等工程组织和人员密切协调,并尽可能结合进行,要把维修性工作落实到具体产品设计人员。要重视维修性,但不能使之"孤军奋战"。维修性工作的组织和人员,通常可与可靠性、综合保障统一加以考虑和组织,并在工作中密切协调。同时,要通过合理组织与协调,把维修性工作落实到具体产品的设计人员,并由他们在具体产品上实现维修性与可靠性等质量特性的协调。真正做到"产品设计工程师,也是产品维修性设计工程师"。

(3)维修性工作的输出信息应能满足综合保障、测试性和安全工作的有关输入要求,维修性工作计划应明确这些接口关系。

(4)要在维修性与其他特性之间权衡,以求得协调的、总体优化的设计。为此,在指标论证和方案论证时,不论是提出指标、论证指标,都需要这种密切协调与综合权衡,使维修性与可靠性、保障性等质量特性协调,以达到费用效能等高层次要求。

(5)要遵循工程项目规范化的技术与管理途径,使维修性工作规范化、标准化。结合具体工程项目贯彻实施相应的行政与技术法规,以有效地做到维修性与其他特性同步设计、系统综合。

(6)装备设计应当充分考虑在战场上对损伤装备进行快速应急的损伤评估和修复的可能性与有效性。

3. 早期投入,预防为主

产品维修性是设计出来的,特别是因为它主要取决于系统的总体结构、各部件之间的连接以及标准化、模块化程度等因素,并与检测隔离及维修方案有关,故维修性设计要从早期抓起,从系统级抓起。否则,维修性要求就会落空。我国海军舰船装备研制实践表明,仅仅提出要求,不注意早期投入,到方案已定,乃至样机已经出来,再考虑维修性就迟了。不及时下决心改变维修性不良的状况,所付出的时间、费用代价也会很大。

强调维修性早期投入,就是要在研究设计备选方案时不但考虑达到规定的性能指标,而且考虑实现维修性要求。就整个维修性工作的安排来说,要重视研制前期的指标分配、预计、建立设计准则等工作,进行维修性设计。从而使初始设计方案不仅对性能来说是好的,对维修性也是好的,使整个产品维修性有一个好的起点。在此基础上,再通过设计深入、细化和不断地改进,较快较好地达到维修性要求。

为了预防和减少设计的缺陷和反复,要充分利用已有的正反面教训,特别是了解现有装备的设计缺陷,避免这些在新产品中重现。同时,要利用成熟的设计技术。当为提高产品其他性能采用某些新技术新结构时,要对这些新技术新结构可能影响维修性的风险做出估计,并采取相应措施。

4. 纠正缺陷,实施增长

维修性工作应把预防、发现和纠正产品设计、制造等方面的维修性缺陷作为维修性工作的重点。维修的任务是预防故障、排除故障。而故障带有很大的随机性,其暴露往往要有一个过程。从方案阶段、工程研制定型试验直到生产、部署使用,故障和维修作业的样本由少到多,积累的故障及维修性数据增多。因此,尽管做了很大的努力,也不可能使新产品不存在维修性设计缺陷。这就需要通过研制过程,乃至部署使用过程,通过试验、试修及实际维修的时间,不断发现设计缺陷,经过分析,采取措施纠正设计缺陷,使产品的维修性水平得到提高,达到用户的要求。

发现维修性设计缺陷的主要途径如下:

(1)维修性设计评审。

(2)维修性试验、演示,包括利用1:1模型演示、各种低置信度的试验、产品鉴定性试验和正式的维修性验证试验等。

(3)维修性分析与预计。

(4)部署使用中的维修、试验等。

对于发现的设计缺陷要进行分析,主要内容是:

(1)产品维修性设计缺陷对系统维修性的影响程度。

(2)该产品缺陷的原因、责任。

(3)可采取的纠正措施及其可行性,纠正措施的验证方法等。

对于发现的维修性设计缺陷,可采取的改进(纠正)措施是:

(1)改进产品设计特征,如改善该产品的可达性、可测性、可拆性等。

(2)改进该产品的保障条件,例如增加或改进所用的工具、检测仪器。

(3)当其他途径不可行而又必要时,应改进该产品可靠性,降低故障率,以提高产品可用性、系统可靠性。

(4) 所采取的措施要经过验证。

4.2 维修性工作项目

GJB 368B—2009《装备维修性工作通用要求》规定的装备维修性工作项目包括维修性及其工作项目要求的确定、维修性管理、维修性设计与分析、维修性试验与评价和使用期间维修性评价与改进的五个系列共 22 个工作项目。该标准已被广泛应用于研制任务书、合同、工作说明等文件。

4.2.1 维修性及其工作项目要求的确定

1. 确定维修性要求(工作项目 101)

在装备研制的论证阶段,协调并确定维修性定量定性要求,以满足系统战备完好性、任务成功性要求和保障资源等约束。其工作项目的要点主要有:

(1) 订购方应根据装备的任务需求和使用要求提出装备的维修性要求,包括定量要求和定性要求。

(2) 装备的维修性要求应与可靠性、保障系统及其资源等要求协调确定,以合理的费用满足系统战备完好性和任务成功性要求。

(3) 维修性确定工作应按 GJB 1909A—2009《装备可靠性维修性保障性要求论证》规定的要求和程序进行。

(4) 在讨论过程中,应对维修性要求进行中间和最终评审。维修性要求的评审应有装备论证、设计、试验、使用和保障等各方面的代表参加。维修性要求评审尽可能与系统要求审查和相关特性的要求评审结合进行。

(5) 确定的维修性要求应纳入装备研制总要求、研制合同或相关文件。

在确定维修性要求时,维修性确定工作的安排应纳入维修性计划。

2. 确定维修性工作项目要求(工作项目 102)

确定维修性工作项目的要点主要有:

(1) 订购方应优先选择经济有效的维修性工作项目。

(2) 维修性工作项目的选择取决于具体产品的情况,考虑的主要因素有:

① 要求的维修性水平;

② 产品的类型和特点;

③ 产品的复杂程度和重要性;

④ 产品新技术含量;

⑤ 费用、进度及所处阶段等。

（3）维修性工作项目应与相关工程，特别是 GJB 50A－2011《军事作业噪声容许限值及测量》、GJB 2547A－2012《装备测试性工作通用要求》、GJB 3872A－2022《装备综合保障通用要求》确定的可靠性、测试性和综合保障工作项目协调，综合安排、共享信息，减少重复工作。

（4）应明确对维修性工作项目的具体要求和注意事项，以确保维修性工作项目的实施效果。

（5）应选择维修性工作项目的经济性、有效性进行评审。

应该注意的是，维修性工作项目选择确定工作应纳入维修性计划，并且对承制方的维修性工作项目要求应纳入合同或相关文件。

4.2.2 维修性管理

1. 制定维修性计划（工作项目 201）

制定维修性计划的目的是全面规划装备寿命周期的维修性工作，制定并实施维修性计划，以保证维修性工作顺利进行。订购方应在装备立项综合论证开始时制定维修性计划，其主要内容包括：

（1）装备维修性工作的总体要求和安排。

（2）维修性工作的管理和实施机构及其职责。

（3）维修性及其工作项目要求论证工作的安排。

（4）维修性信息工作的要求与安排。

（5）对承制方监督与控制工作的安排。

（6）维修性评审工作的要求与安排。

（7）维修性试验与评价工作的要求与安排。

（8）使用期间维修性评价与改进工作的要求与安排。

（9）工作进度及经费安排等。

随着装备论证、研制、生产、使用的进展，订购方应不断调整、完善相关阶段维修性工作计划。

维修性计划应经过评审。

2. 制定维修性工作计划（工作项目 202）

制定维修性工作计划的目的是制定并实施维修性工作计划，以确保产品满足合同规定的维修性要求。承制方应根据合同要求制定维修性工作计划，其主要内容包括：

（1）产品的维修性要求和维修性工作项目的要求，工作计划中至少应包含合同规定的全部维修性工作项目。

(2) 各项维修性工作项目的实施细则,如工作项目的目的、内容、范围、实施程序、完成结果和对完成结果检查评价的方式。

(3) 维修性工作的管理和实施机构及其职责,以保证计划得以实施所需的组织、人员和经费等资源的配备。

(4) 维修性工作与产品研制计划中与其他工作协调的说明。

(5) 实施计划所需数据资料的获取途径或传递方式与程序。

(6) 对评审工作的具体安排。

(7) 关键问题及其对实现要求的影响,解决这些问题的方法或途径。

(8) 工作进度等。

维修性工作计划随着研制的进展不断完善。

3. 对承制方、转承制方和供应方的监督和控制(工作项目203)

对承制方、转承制方和供应方的监督和控制的目的是订购方对承制方、承制方对转承制方和供应方的维修性工作进行监督与控制,必要时采取相应的措施,以确保承制方、转承制方和供应方交付的产品符合规定的维修性要求。承制方对转承制方和供应方的要求均应纳入有关合同,主要包括以下内容:

(1) 维修性定量与定性要求及验证方法。

(2) 对转承制方维修性工作项目的要求。

(3) 对转承制方维修性工作实施监督和检查的安排。

(4) 转承制方执行维修性数据收集、分析和纠正措施系统的要求。

(5) 承制方参加转承制方产品设计评审、维修性试验的有关事项。

(6) 转承制方或供应方提供产品规范、图样、维修性数据资料和其他技术文件等要求。

4. 维修性评审(工作项目204)

维修性评审的目的是按计划进行维修性要求和维修性工作评审,确保维修性要求的合理性,并最终实现规定的维修性要求。其工作项目要点主要有:

(1) 订购方应安排并进行维修性要求和维修性工作项目要求的评审,并主持或参与合同要求的维修性评审。

(2) 订购方安排的维修性评审及其要求应纳入维修性计划。

(3) 对承制方的维修性工作应进行评审。承制方制定的维修性工作计划应包括评审点设置、评审内容、评审类型、评审方式及要求等。

(4) 应提前通知参加评审的各方代表,制定详细的评审实施计划,并提供有关评审的文件和资料。

(5)维修性评审应尽可能与作战性能、可靠性、安全性、综合保障等评审结合进行,必要时也可单独进行。

(6)维修性评审的结果应形成文件,主要包括评审的结论、存在的问题、解决措施及完成日期。对承制方的维修性评审结果应经订购方认可。

(7)维修性评审应按 GJB/Z 72 和 GJB 3273 规定的有关内容进行。

5. 建立维修性数据收集、分析和纠正措施系统(工作项目 205)

建立维修性数据收集、分析和纠正措施系统的目的是确立并执行维修性缺陷记录、分析和纠正程序,实现维修性的持续增长。其工作项目要点:

(1)承制方应建立维修性数据收集、分析和纠正措施系统,并保证其贯彻实施。

(2)数据收集系统建立的时机不应晚于方案阶段,并与可靠性、安全性、保障性的有关数据收集系统协调或结合。整个研制过程应使用同样的数据收集系统。

(3)维修性数据分析工作程序包括缺陷报告、原因分析、纠正措施的确定和验证,以及反馈到设计、生产中的程序。

(4)维修性缺陷纠正的基本要求是问题描述准确、原因分析透彻、纠正措施有效。

(5)应将维修性数据报告和分析的记录、纠正措施的实施效果及审查结论立案归档,使其具有可追溯性。

6. 维修性增长管理(工作项目 206)

维修性增长管理的目的是制定并实施维修性增长管理计划,以实现维修性按计划增长。其工作项目要点:

(1)应将产品研制的各项有关试验纳入试验、分析与改进的维修性增长管理过程。

(2)承制方应从研制初期开始对关键的分系统或设备实施维修性增长管理。

(3)在工程研制阶段应有计划地开展维修性增长,对发现的维修性问题,在定型前应进行改进。

(4)在部队试用期间发现的问题,要及时反馈到研制部门,在装备改进、改型中落实。

4.2.3 维修性设计与分析

1. 建立维修性模型(工作项目 301)

建立维修性模型的目的是建立产品的维修性模型,用于定量分配、预计和评定产品的维修性。其工作项目要点：

（1）可采用 GJB/Z 145 提供的程序和方法建立产品的维修性模型。

（2）建立维修性数学模型，应考虑下列因素：①影响产品维修性的设计特征，如故障检测与隔离方式、故障频率、重量、布局、安装方式等；②与维修性模型相应的维修级别及保障条件；③与维修性模型有关的维修项目（如规定的可更换单元）清单；④相似产品的数据积累和维修工作经验。

（3）模型的复杂程度应与产品的复杂程度相适应。应根据设计的变更和使用保障条件的变化及时对模型加以修改。维修性数学模型的输入和输出应与产品的其他分析模型的输入输出要求相一致。

2. 维修性分配（工作项目302）

维修性分配的目的是将产品顶层的维修性定量要求逐层分配到规定的产品层次。其工作项目要点：

（1）应将产品维修性定量要求逐层分配到规定的产品层次，作为维修性设计和提出外协、外购产品维修性定量要求的依据。具体的维修性分配值应列入相应的技术规范。所有维修性分配值应与维修性模型相一致，并随模型的修改而更改。

（2）可采用 GJB/Z 57 推荐的方法或其他适宜的方法进行维修性分配，分配的方法和采用的理由应当记录成文并经订购方认可。

（3）维修性分配应与维修性预计相结合，并考虑各部分指标实现的可能性。维修性分配要与可靠性分配、保障性分析密切协调。若按 GJB 2547A – 2012《装备测试性工作通用要求》要求进行测试性分配，维修性分配值应作为其基础。

3. 维修性预计（工作项目303）

维修性预计的目的是估计产品的维修性，评价所提出的设计方案在规定的保障条件下，是否能满足规定的维修性定量要求。其工作项目要点如下：

（1）承制方应按确定的维修级别分别对产品及其组成部分进行维修性预计。必要时应对所提出的不同使用和维修保障方案分别进行预计。

（2）预计的结果应能表明该产品是否满足合同规定的维修性指标。

（3）应根据维修性定量要求确定预计的参数，必要时，应对预防维修工作量、费用予以预计。

（4）预计时应该采用 GJB/Z 57 – 1994《维修性分配与预计手册》规定的方法，也可采用由订购方批准或提供的其他方法。应指明预计产品维修性所采用的专门技术和数据来源。若对 GJB/Z 57 中没有包括的设备种类进行预计时，所采用的数据应得到订购方的批准。

(5)有维修性要求的产品都应进行维修性预计。如果有具体的文件或者有确实的维修性历史资料,证实产品故障及维修不影响总体要求的维修性时,可不进行该产品的维修性预计,但需经订购方认可。

(6)根据需要,维修性预计应反复进行,不断完善。

4. 故障模式及影响分析(工作项目304)

故障模式及影响分析的目的是确定可能的故障模式及其对产品工作的影响,以便确定需要的维修性设计特征,包括故障检测隔离系统的设计特征。其工作项目要点:

(1)按照 GJB/Z 1391–2006《故障模式、影响及危害性分析指南》进行故障模式及影响分析(FMEA)和损坏模式及影响分析(DMEA),以获取维修性信息,如故障检测、故障排除措施等。

(2)本工作项目应与可靠性、安全性、人素工程、保障性分析及技术手册编制时所进行的故障模式及影响分析或故障模式、影响及危害性分析(FMECA)的工作结合起来。

(3)确定本工作项目结果在设计故障检测隔离系统和进行维修性分析等方面的具体应用。

(4)可参照 GJB/Z 1391–2006《故障模式、影响及危害性分析指南》提供的程序和方法,在不同阶段进行硬件、功能、工艺及软件 FMEA。

5. 维修性分析(工作项目305)

维修性分析的目的是分析从承制方的各种报告中得到的数据和从订购方得到的信息,以建立能够实现维修性要求的设计准则、对设计方案进行权衡、确定和量化维修保障要求、向维修保障计划提供输入,并证实设计符合维修性要求。

工作项目要点:

(1)在设计过程中,承制方应对维修性要求及有关约束进行分析。通过分析,使维修性要求更加具体、明确、与其他要求协调一致,且与产品的具体特点更加紧密联系,从而使维修性要求能够结合到具体设计中。

(2)应对产品设计方案进行维修性的权衡分析,包括维修性设计自身的权衡、维修性与其他性能设计的权衡,确保整体优化。

(3)承制方应结合装备维修保障方案对装备维修时间进行分析,为维修性设计准则的建立、测试性要求的提出与细化提供依据。

(4)承制方应对产品的故障检测能力进行分析,评价故障检测能力是否满足维修性要求,为更详细的维修性设计提供输入。

(5)承制方应对产品维修进行人素工程分析,包括维修作业用力分析、可达性分析、维修操作空间分析、可视性分析、维修安全性分析等。应充分利用电子样机,采用仿真手段尽早进行上述分析,及时发现并反馈设计缺陷。

(6)应综合利用可靠性、维修性、保障性的有关信息进行维修费用预测分析。费用预测结果不合理时,应及时调整设计。

(7)承制方在初步设计评审时向订购方提交一份维修性分析项目清单。各分析项目应协调进行。

6. 抢修性分析(工作项目306)

抢修性分析的目的是分析评价潜在战场损伤的抢修快捷性与资源要求,并为战场抢修分析提供相应输入。

工作项目要点:

(1)承制方应根据产品的规定作战任务对产品基本功能进行分析,确定潜在战场损伤,必要时应进行模拟试验。

(2)以产品 FMEA、DMEA 分析为依据,对战场损伤进行逻辑决断,确定适当的抢修工作类型。

(3)分析和评价装备抢修的快捷性和所需资源,对抢修性的薄弱环节提出改进意见,具体方法可参照 GJB 4803-1997《装备战场损伤评估与修复手册的编写要求》。

7. 制定维修性设计准则(工作项目307)

制定维修性设计准则的目的是将维修性的定量和定性要求及使用和保障约束转化为具体的产品设计准则,以指导和检查产品设计。

工作项目要点:

(1)承制方应该制定维修性设计准则,并形成文件。维修性设计准则应随着设计的进展不断改进和完善。

(2)维修性设计准则应该经过评审。初步设计评审时提交一份设计准则及其来源文件,并得到订购方认可。在详细设计评审时应最终确定其内容和说明。

(3)维修性设计准则的制定可参考 GJB/Z 91、适用的设计手册、已有的维修性设计评审核对表和有关经验教训。设计准则除应包括一般原则(总体要求)外,还应包括产品各组成部分维修性设计的原则或指南。

(4)研制过程中应严格执行维修性设计准则,并及时进行符合性检查。

8. 为详细的维修保障计划和保障性分析准备输入(工作项目308)

为详细的维修保障计划和保障性分析准备输入的目的是制定详细的维修保障计划和按 GJB 1371-1992《装备保障性分析》进行的保障性分析准备输入,使维修性工作项目的有关输出与保障性分析的输入要求相协调。

工作项目要点：

(1)应根据订购方确认的使用与保障要求及方案,将来自工作项目301、305、306、307及其他有关工作项目的结果,作为制定详细维修保障计划和进行保障性分析的输入数据的基础。

(2)应将与维修保障计划和保障性分析有关的维修性分析结果制成清单,并经订购方认可。清单必须随着维修性分析的深入和维修性设计准则的确立而及时修正。清单内容包括：

① 每一维修级别维修的产品层次、范围和频数；
② 每一维修级别的初始人员技能要求和人力需求(或有关约束条件)；
③ 每一维修级别的人工或自动检测系统的特性；
④ 每一维修级别需要的初始维修技术文件；
⑤ 每一维修级别必需的人员初始培训及训练器材；
⑥ 每一维修级别需要的初始设施；
⑦ 每一维修级别需要的专用与通用保障设备和工具；
⑧ 维修设备有关的计算机资源。

4.2.4 维修性试验与评价

1. 维修性核查(工作项目401)

维修性核查的目的是检测与修正维修性分析与验证所用的模型及数据,鉴别设计缺陷,以便采取纠正措施,实现维修性的持续增长。

工作项目要点：

(1)从签订研制合同起到设计定型前的研制过程中,应在不同产品层次上反复进行维修性核查。

(2)应根据产品类型、产品层次,确定维修性核查的重点。维修性核查可利用产品的电子样机,采用仿真的方式进行。

(3)承制方应制定详细的维修性核查方案,并经过订购方认可,其一般要求参照GJB 2072。

(4)维修性核查结束后,应形成相应的结果文件。

(5)对维修性核查发现的维修性缺陷,进行原因分析并制定纠正措施。

2. 维修性验证(工作项目402)

维修性验证的目的是验证产品的维修性(含测试性)是否符合合同规定要

求。维修性验证是一种正规的严格的检验性试验评定,即为确定装备是否达到了规定的维修性要求,由指定的试验机构进行的或由订购方与承制方联合进行的试验与评定。

维修性验证通常在设计定型或生产定型阶段进行。在生产阶段进行装备验收时,如有必要,也可进行验证。维修性验证的结果应作为装备定型的依据之一,验证试验的环境条件,应尽可能与装备实际使用维修环境一致,或十分类似。试验中维修所需要的维修人员、工具、保障设备、设施、备件、技术文件,应与正式使用时的保障计划规定一致。应根据 GJB 2072 或采用经订购方批准的其他方法进行维修性验证。维修性验证试验可与产品可靠性试验、与维修性有关的保障要素的定性评价等结合进行。

工作项目要点:

(1)应根据 GJB 2072 – 1994《维修性试验与评定》或采用经订购方批准的其他方法进行维修性验证。

(2)维修性验证试验可与产品可靠性试验、与维修性有关的保障要素的定性评价等结合进行。

(3)维修性验证试验应包含测试性验证。

(4)应制定维修性验证计划,并经订购方批准。其一般要求应符合 GJB 2072。计划包括以下内容:

① 验证的目的、指标和要求;

② 验证的方法及选用的理由;

③ 若结合其他试验进行时,应说明理由、方法及注意事项;

④ 受试样品、试验用设备、设施以及所需维修作业数;

⑤ 试验组的组成、人员资格及职责;

⑥ 有关下列情况的规定或处理原则:保障设备故障、由于从属故障导致的维修;技术手册和保障设备不适用或部分不适用;人员数量与技能水平的变更;拆配修理;维修检查;维修时间限制等;

⑦ 试验总时间和详细的试验实施计划;

⑧ 收集数据的内容与属性,并纳入工作项目 205;

⑨ 订购方参加验证的时机与程度。

(5)验证结果应编写成报告。其中应附完整的验证记录,并报订购方审定。

3. 维修性分析评价(工作项目 403)

维修性分析评价的目的是通过综合利用与产品有关的各种信息,评价产品是否满足合同规定的维修性要求。

工作项目要点：

（1）对难以组织维修性试验验证的产品，允许采用相似产品和产品组成部分的各种试验数据和实际维修数据进行维修性分析评价，并应在设计定型阶段完成。

（2）承制方应尽早制定维修性分析评价方案，详细说明所利用的各种数据，采用的分析方法（包括仿真方法）和置信水平等。该方案经订购方认可。

（3）应对维修性分析评价的方案和评价准则及结果进行评审。

4.2.5 使用期间维修性评价与改进

1. 使用期间维修性信息收集（工作项目501）

使用期间维修性信息收集的目的是通过有计划地收集装备使用期间的各项有关数据，为评价与改进维修性、完善使用与维修工作以及新研装备的论证与研制等提供信息。

工作项目要点：

（1）使用期间应当组织收集翔实的维修性信息，包括装备在使用、维修、储存、维修等过程中产生的故障信息、维修信息、维修资源信息等。

（2）订购方应组织制定使用期间维修性信息收集计划，其主要内容包括：

① 信息收集和分析的部门、单位及人员的职责；

② 信息收集工作的管理与监督（含保密）要求；

③ 信息收集的范围、方法和程序；

④ 信息分析、处理、传递的要求和方法；

⑤ 信息分类与维修性缺陷判断准则；

⑥ 定期进行信息审核、汇总的安排等。

（3）使用或维修保障单位应按规定的要求和程序完整、准确地收集使用期间的维修性信息，按规定的方法、方式、内容和时限，分析、传递和存储维修性信息，定期进行审核、汇总。

（4）使用期间维修性信息应参照 GJB 1775 – 1993《装备质量与可靠性信息分类和编码通用要求》及有关标准进行分类和编码。

（5）使用期间维修性信息应纳入部队现有的装备信息系统。

2. 使用期间维修性评价（工作项目502）

使用期间维修性评价的目的是确定装备在实际使用条件下达到的维修性水平，评价装备是否满足规定的使用维修性要求。

工作项目要点：

（1）使用维修性评价包括初始使用阶段维修性评价和后续使用阶段维修性

评价。使用期间维修性评价应以实际的使用条件下收集的各种数据为基础,综合利用部队使用期间的各种信息。必要时也可组织专门的试验,以获得所需的信息。

(2)订购方应组织制定维修性评价计划,计划中应规定评价的对象,评价的参数和模型、评价准则、样本量、统计的时间长度、置信水平以及所需的资源等。

(3)试用期间维修性评价一般在装备部署后,人员经过培训,保障资源按要求配备到位的条件下进行。

(4)应编制使用期间维修性评价报告,并将有关维修性改进意见反馈到承制方。

3. 使用期间维修性改进(工作项目503)

使用期间维修性改进的目的是对装备使用期间暴露的维修性问题采取改进措施,以提高装备的维修性水平。

工作项目要点:

(1)根据装备在使用中发现的维修性问题和相关技术的发展,通过必要的权衡分析或试验,确定需要改进的项目。

(2)订购方应组织制定使用期间维修性改进计划,主要内容包括:

① 改进的项目、改进方案、达到的目标;

② 负责改进的单位、人员及职责;

③ 经费和进度安排;

④ 验证要求和方法等。

(3)全面跟踪、评价改进措施的有效性。

维修性的工作项目及适用的研究阶段如表4-1所列。

表4-1 维修性工作项目应用矩阵表

GJB 368B标准条款编号	工作项目编号	工作项目名称	论证阶段	方案阶段	工程研制与定型阶段	生产与使用阶段	装备改型
5.1	101	确定维修性要求	√	√	×	×	√①
5.2	102	确定维修性工作项目要求	√	√	×	×	√
6.1	201	制定维修性计划	√	√③	√	√①③	√①
6.2	202	制定维修性工作计划	△	√	√	√	√
6.3	203	对承制方、转承制方和供应方的监督和控制	×	△	√	√	△
6.4	204	维修性评审	△	√③	√	√	△

第4章 维修性工作项目及要求

续表

GJB 368B标准条款编号	工作项目编号	工作项目名称	论证阶段	方案阶段	工程研制与定型阶段	生产与使用阶段	装备改型
6.5	205	建立维修性数据收集、分析和纠正措施系统	×	△	√	√	△
6.6	206	维修性增长管理	×	√	√	○	√
7.1	301	建立维修性模型	△	△④	√	○	×
7.2	302	维修性分配	△	√②	√②	○	△④
7.3	303	维修性预计	×	√②	√②	○	△②
7.4	304	故障模式及影响分析、维修性信息	×	△②③④	√①②	○①②	△②
7.5	305	维修性分析	△	√	√①	○①	△
7.6	306	抢修性分析	×	△③	√	○	△
7.7	307	制定维修性设计准则	×	△③	√	○	△
7.8	308	为详细的维修保障计划和保障性分析准备输入	×	△②③	√②	○②	△
8.1	401	维修性核查	×	√②	√②	○②	△②
8.2	402	维修性验证	×	△	√	√②	△②
8.3	403	维修性分析评价	×	×	△	√	√
9.1	501	使用期间维修性信息收集	×	×	×	√	√
9.2	502	使用期间维修性评价	×	×	×	√	√
9.3	503	使用期间维修性改进	×	×	×	√	√

注:表中符号的含义分别为

√——一般适用;

○——一般仅适用于设计变更;

△——根据需要选用;

×——不适用;

① 要求对其费用效益作详细说明后确定;

② 本标准不是该工作项目第一位的执行文件,在确定或取消某些要求时,必须考虑其他标准或《工作说明》的要求。例如在叙述维修性验证细节和方法时,必须以 GJB 2072 为依据;

③ 工作项目的部分要点适用于该阶段;

④ 取决于要订购的产品的复杂程度、组装及总的维修策略。

第5章 维修性建模

5.1 概 述

维修性模型是进行维修性各项工作之前,对某个系统进行维修性设计等工作进行初步分析的一个重要步骤。维修性模型是指为分析、评价系统的维修而建立的各种物理模型和数学模型。建立维修性模型是装备维修性的主要工作项目之一。一般来说,在复杂装备维修性分析中,都要求建立维修性模型。

5.1.1 维修性建模目的

在装备的研制过程中,建立维修性模型可用于以下几个方面:

(1)进行维修性分配,把系统级的维修性要求,分配到分系统级、设备级等层次,以便进行产品设计。

(2)进行维修性预计和评定,估计或确定设计方案可达到的维修性水平,为维修性设计与保障提供决策依据。

(3)当设计变更时,进行灵敏度分析,确定系统内的某个参数,发生变化时,对系统可以权衡费用和维修性的影响。

5.1.2 维修性模型种类

按建模的形式不同,维修性建模可分为:

(1)设计评价模型:通过对影响产品维修性的各个因素进行综合分析评价有关的设计方案,为设计决策提供依据。

(2)分配、预计模型:建立维修性分配预计模型是 GJB 368B《装备维修性工作通用要求》工作项目 201 的主要内容。

(3)统计与验证试验模型。

按照不同的模型形式,维修性模型可分为:

(1)物理模型:主要是采用维修职能流程图、系统功能层次框图等形式,标出各项维修活动间的顺序或产品层次、部位,判明其相互影响,以便于分配、评估产品的维修性并及时采取措施。

(2)数学模型:通过建立各单元的维修作业与系统维修性之间的数学关系式,进行维修性分析、评估。

5.1.3 建模的一般要求

1. 建模的一般流程

首先明确分析目的和要求,对分析对象进行描述建立维修性物理模型,找出对分析对象有影响的因素,并确定其参数。然后建立数学模型,通过收集数据和参数估计,不断地修改和完善模型,最终确定模型并运用模型进行分析,维修性建模的一般流程如图5-1所示。

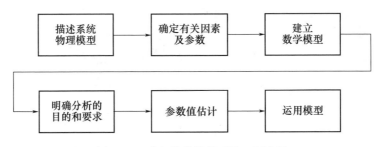

图5-1 建立维修性模型的一般流程

2. 建立和应用维修性模型时应注意的事项

(1)准确性:模型应准确反映分析的目的和系统的特点。

(2)可行性:模型必须是可以实现的,所需要数据是可以收集的。

(3)灵活性:模型能够根据产品结构及保障的时机不同,通过局部变化后使用。

(4)稳定性:通常,模型的计算结果在相互比较时才有意义,所以模型一旦建立,就应保持其稳定性,不得随意更改,除非结构、保障等发生变化。

5.2 维修性物理模型

5.2.1 维修职能流程图

维修职能是一个统称,将有故障的系统恢复到战备完好状态(修复性维修职能)或保持系统正常的战备完好状态(预防性维修职能)所必须完成的活动。这些活动是在某一具体的级别上实施,并按时间先后顺序排列出来的。维修职能流程图是对两类维修(排除故障与预防性维修)提出要点并找出各项职能之间相互联系的一种流程图。对某一维修级别来说,维修职能图应包括从产品进入维修时起,直到最后一项维修职能,使产品恢复到规定状态为止。

　　维修职能图是一种非常有效的维修分析手段,当把相关的维修时间和故障率数值标在图上,就很方便地进行维修性的分配和预计以及其他分析。

　　维修职能流程图随装备的层次、维修级别的不同而不同,图5-2是某装备系统最高层次的维修职能流程图,它表明该系统在使用期间内要进行使用人员维护,实施预防性维修或排除故障维修共有三个级别,即基层级、中继级和基地级。图5-3是装备中继级维修的一般流程图。图5-4是某装备中继级维修的具体维修职能流程图,它表示了该设备从接收到返回基层级的一系列维修活动,包括准备活动、诊断活动和更换活动等。

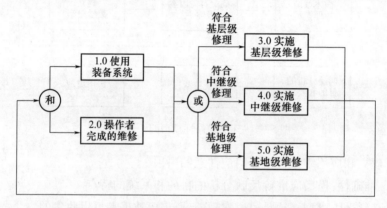

图5-2　维修职能流程图的典型图例(顶层流程)

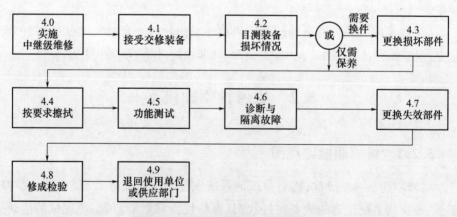

图5-3　中继级维修的一般职能流程

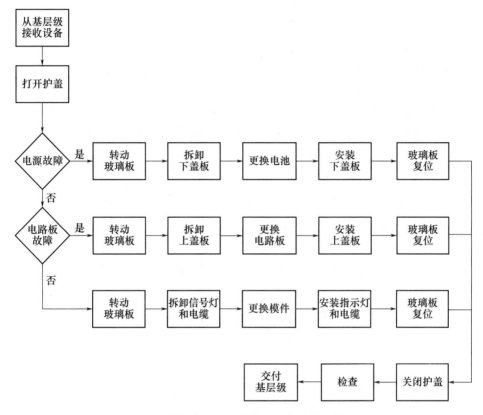

图 5－4　某装备中继级维修的具体维修职能流程

5.2.2　系统功能层次框图

系统功能层次框图表示从系统到零件的各个层次所需要的维修特点和维修措施的系统框图。

系统功能层次的分解是按其结构自上而下进行的,一般从系统级开始,分解时能够做到故障定位、更换零件、进行修复或调整的层次为止。分解时结合维修方案,在各个产品上标明与该层次有关的重要维修措施(如弃件式维修、调整或修复等)。为了简明,这些维修措施可用符号表示。

(1)圆圈:在该圈内的项目故障后采用换件修理,为可更换单元。

(2)方框:框内的项目要继续向下分解。

(3)含有"L"的三角形:标明该项目不用辅助的保障设备即可故障定位。

(4)含有"I"的三角形:需要使用机内检测或辅助检测才能故障定位。

(5)含有"A"的三角形:标在方框旁,标明换件前需要调整或校正。标在圆圈后标明换件后需要调整或校正。

(6)含有"C"的三角形:需要功能检测。

在进行功能层次分析,绘制框图时要注意:

(1)在维修性分析中使用的功能层次框图要着重展示有关维修的要素,因此,它不同于一般的产品层次框图。第一,它不需要分解到最低层次的部件或零件,而只需分解到可更换件;第二,可更换件用圆圈表示;第三,需要标示维修措施或要素。

(2)由于同一系统不同维修级别的维修安排不同,系统功能层次框图也不同。应根据需要进行维修性分配的维修性级别进行分析和绘制框图。

(3)产品层次划分和维修措施或要素的确定,是随着研制的发展而细化并不断修正的。因此,包括维修的功能框图也要随着研究过程的推进而细化和修正。它的细化和修正,也将影响到维修性分配的细化和修正。

5.3 维修性数学模型

5.3.1 维修时间的统计分布模型

装备的维修时间不是一个常量,而是以某种统计分布的形式存在。在维修性分析中最常用的时间分布有正态分布、对数正态分布、指数分布、Γ分布。具体产品的维修时间分布应当根据实际维修数据,进行分布检验后确定。下面对常用维修时间分布的使用范围进行简要的介绍。

1. 指数分布

一般认为,经过短时间调整或迅速换件即可修复的装备,其维修时间服从指数分布。由于指数分布使用简单,其被广泛地应用于维修性分析中。

指数分布适用于完成维修的时间与以前维修经验无关的情况。如进行故障隔离,当有几种供选用的方法可利用时,则每一种方法都可以轮换使用,直到找到可以有效隔离故障的方法为止。

$$m(t) = \mu e^{-\mu} \tag{5-1}$$

$$M(t) = 1 - e^{-\mu} \tag{5-2}$$

$$\mu(t) = \frac{m(t)}{1 - M(t)} = \mu \tag{5-3}$$

2. 正态分布

正态分布适用于比较简单的维修工作项目和修理活动,如简单的拆装和更换工作。这种维修工作一般具有固定的完成工作时间,这种性质的维修工作时间一般服从正态分布的。

$$m(t) = \frac{1}{\sigma\sqrt{2\pi}}\exp\left[-\frac{1}{2}\left(\frac{t-\theta}{\sigma}\right)^2\right] \tag{5-4}$$

$$M(t) = \int g(t)\mathrm{d}t = \varphi\left(\frac{t-\theta}{\sigma}\right) \tag{5-5}$$

令 $\mu = \dfrac{t-\theta}{\sigma}$

$$\mu(t) = \frac{m(t)}{1-M(t)} = \frac{\dfrac{1}{\sigma\sqrt{2\pi}}\exp\left[-\dfrac{1}{2}u^2\right]}{1-\varphi(u)} \tag{5-6}$$

式中:μ——维修时间 t 的均值;

σ——维修时间 t 的标准差。

3. 对数正态分布

对数正态分布适用于表示各种复杂装备的修理时间,这类时间一般是由较多小的维修活动(如故障判断、故障排除等)组成。一般来说,机电设备、电子、机械装备的修复时间大都符合对数正态分布。

对数正态分布是维修性分析中应用最广的一种分布,因为它能较好地反映维修时间的统计规律,在许多维修性标准和规范中都规定使用这种分布进行维修性分析和验证。

$$m(t) = \frac{1}{t\sigma\sqrt{2\pi}}\exp\left[-\frac{1}{2}\left(\frac{\ln t-\theta}{\sigma}\right)^2\right] \tag{5-7}$$

$$M(t) = \int g(t)\mathrm{d}t = \varphi\left(\frac{\ln t-\theta}{\sigma}\right) \tag{5-8}$$

$$u = \frac{\ln t-\theta}{\sigma}$$

$$\mu(t) = \frac{m(t)}{1-M(t)} = \frac{\dfrac{1}{\sigma\sqrt{2\pi}}\exp\left[-\dfrac{1}{2}u^2\right]}{1-\varphi(u)} \tag{5-9}$$

式中:θ——维修时间 t 的对数均值;

σ——维修时间 t 的对数标准差。

这三种分布模型的维修时间参数计算公式见表 5-1。其中,Z_p 为维修度 $M(t)=p$ 时的正态分布分位数。

表 5–1 三种分布的维修性时间参数计算公式

分布类型	平均维修时间 $\overline{M_{ct}}$	最大维修时间 M_{max}	中位维修时间 $\widetilde{M}_{ct}$
指数	μ^{-1}	$-\overline{M_{ct}}\ln(1-p)$	$0.693\overline{M_{ct}}$
正态	θ	$\theta + Z_p\sigma$	θ
对数正态	$\exp(\theta + 0.5\sigma^2)$	$\exp(\theta + Z_p\sigma)$	$\exp\theta$

当 $p=0.95$ 时,$Z_p=1.65$;当 $p=0.9$ 时,$Z_p\approx1.28$。

4. Γ 分布

Γ 分布属于指数型分布,由于分布形式比较灵活,当选择不同的参数值时,它可以转化成指数分布、正态分布等多种分布,在维修性分析里是一种很有用的分布。其概率密度函数为

$$f(t) = \frac{\lambda^\alpha}{\Gamma(\alpha)} - t^{\alpha-1}e^{-\lambda t}, t \geq 0 \qquad (5-10)$$

式中,$\Gamma(\alpha)$ 称为伽马函数,并用下式定义:

$$\Gamma(\alpha) = \int_0^\infty x^{\alpha-1}e^{-x}dx, \alpha > 0$$

一般情况下,函数常见的关系式为

$$\Gamma(\alpha+1) = \alpha\Gamma(\alpha), \alpha > 0 \qquad (5-11)$$

尤其当 α 为自然数时:

$$\Gamma(\alpha) = (\alpha-1)! \qquad (5-12)$$

在伽马分布中,$\alpha(>0)$ 称为形状参数,$\lambda(>0)$ 称为尺度参数。特别是,当 $\alpha=1$ 时伽马分布就是指数分布。

以上介绍了指数分布、正态分布、对数正态分布和 Γ 分布四种维修时间分布。在实际的维修性分析中,应根据停机数据,进行分布检验,在一定的置信度下选择使用的分布。

5.3.2 系统维修时间计算模型

维修时间是为了完成某次维修活动所需的时间。不同的维修活动需要不同的时间,同一维修活动由于维修人员技能差异,工具、设备不同,环境条件的不同,维修时间也会不同。所以装备的维修时间不是一个确定值,而是一个随机变量。

这里的维修时间是一个统称,它可以是修复性维修时间,也可以是预防性维

修时间,为了方便统称为维修时间。

维修时间的计算是维修性分配、预计及验证数据分析等活动的基础。根据分析对象不同,维修时间统计计算模型可分为:串行维修作业时间计算模型、并行维修作业时间计算模型、网络维修作业时间计算模型。

1. 串行维修作业时间计算模型

串行维修作业是由若干维修作业组成的维修中,前项完成后,才能进行下一项维修作业,如故障鉴别、故障定位、获取备件、故障排除等维修性活动可以看作是串行维修作业,如图 5-5 所示。因为前项作业必须一环扣一环,不能同时进行也不能交叉进行。

图 5-5 串行维修作业职能流程示例

假设某次维修时间为 T,完成该次维修需要 n 项基本串行维修作业,每项基本的维修作业时间 $T_i(i=1,2,\cdots,n)$,它们相互独立,则

$$T = T_1 + T_2 + \cdots + T_n = \sum_{i=1}^{n} T_i \qquad (5-13)$$

1) 卷积计算

当已知各项维修作业时密度函数为 $m_i(t)$ 时

$$M(t) = \int_0^t m(t)\mathrm{d}t \qquad (5-14)$$

式中:$m(t) = m_1(t) * m_2(t) * \cdots * m_n(t)$,* 为卷积符号。

$$m_1(t) * m_2(t) = \int_{-\infty}^{+\infty} m_1(t) m_2(z-t)\mathrm{d}t \qquad (5-15)$$

当随机变量超过两个时,其卷积可分步计算。一般情况下,通过卷积计算,写出 $m(t)$ 的解析式非常困难,可利用计算机进行数值计算。

2) 近似计算

若各项基本维修作业的时间分布,可按 β 分布计算。

假设随机变量 T_i 服从 β 分布,为了估算 T_i 的均值常采用三点估计公式:

$$E(T_i) = \frac{a + 4m + b}{6} \qquad (5-16)$$

式中:a——最乐观估计值,它表示最理想情况下 T_i 的值;

b——最保守估计值,它表示最不利情况下 T_i 的值;

m——最大可能值,它表示正常情况下 T_i 的值。

上式中:a,b,m 的均值均由工程技术人员同专家共同估计确定。
与上述公式有关的两个假设如下：

(1) T_i 服从 β 分布：
$$p\{T>b\} = P\{T<a\} = 0.05 \quad (5-17)$$

β 分布在 m 处有单峰值。

(2) T_i 的方差：
$$\sigma_i^2 = \frac{1}{36}(b-a)^2 \quad (5-18)$$

当维修作业数足够大时,根据中心极限定理,独立同分布随机变量和分布服从正态分布。所以维修度：
$$M(t) = \Phi(t) \quad (5-19)$$

式中：$\Phi(t)$ ——标准正态分布。

$$\mu = \frac{t - \sum_{i=1}^{n} E(t_i)}{\sqrt{\sum_{i=1}^{n} \sigma_i^2}} \quad (5-20)$$

2. 并行维修作业时间计算模型

某次维修由若干项维修作业组成,若各项维修作业是同时展开的,则称这种维修是并行维修作业。

并行维修作业的表示方法如同系统可靠性计算中的并联框图一样,如图 5-6 所示。此模型适用于预防性维修活动,装备使用前后的勤务检查等时间分析。假设并行维修作业活动的时间为 T,各基本维修作业时间为

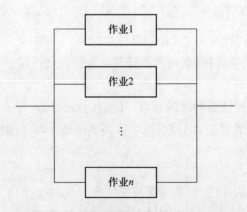

图 5-6 并行维修作业职能流程图示例

则：
$$T = \max\{T_1, T_2, \cdots, T_n\}$$
$$M(t) = P\{T \leq t\} = \{\max\{T_1, T_2, \cdots, T_n\} \leq t\} \quad (5-21)$$
$$= \prod_{i=1}^{n} M_i(t)$$

式中：$M_i(t)$——第 i 项维修作业时间的维修度。

3. 网络维修作业时间计算模型

网络维修作业模型的基本思想是采用网络计划技术的基本原理,把每一项维修作业看成是网络图中的一道工序,按维修作业的组成方式,建立起完成维修的网络图。找出关键路线,完成关键路线上的所有工序的时间之和构成了该次维修的时间。

工程上,网络作业模型中的维修作业时间,可按 β 分布处理。用三点估计出均值和方差,用工序时间均值求出关键路线。关键路线是指时差为零的工序和时差为零的事项的串联。关键路线上的各维修作业按串行维修作业模型计算维修时间的分布。

若各项基本维修作业的时间分布未知,可按 β 分布处理。假设随机变量 T_i 服从 β 分布,假设 $P\{T>b\} = P\{T<a\} = 0.05$,$T_i$ 的均值常采用下列三点估计公式：

$$E(T_i) = \frac{a + 4m + b}{6} \quad (5-22)$$

T_i 的方差为

$$\sigma^2 = \frac{1}{36}(b-a)^2$$

第6章 维修性分配

6.1 概　述

舰船装备一般都是可维修的,所以在保证其可靠性的同时,必须重视维修性设计。维修性分配是维修性设计的一个重要组成部分。一般维修性分配与维修性预计结合起来进行,但需要充分的维修性经验数据作基础。美国对飞机的许多重要系统收集了大量的内场试验和外场使用时的维修性数据,作为对新系统进行维修性分配的经验基础。然后用综合的方法估算出系统的平均修复时间,并与要求的指标值相比较,如果不满足要求,则进行改进分配,直到符合要求为止。

维修性分配是为了把装备的维修性定量要求按照给定的准则分配给各组成部分而进行的工作。也是依据合同规定的维修性参数指标,综合考虑装备的设计特征、有关的维修级别及保障条件,选择适合于进行系统维修性分配的维修性数学模型或系统仿真模型,通过对系统的自然信息、结构信息、设计信息、可靠性信息等数据的综合考虑,把维修性指标分配到相应的功能层次。

6.2　分配的一般要求

为了进行维修性分配,首先要有明确的维修性要求(指标),否则分配将无从谈起。其次,要对产品进行功能分析,确定系统功能划分和维修方案。再次,维修性分配要以可靠性分配或预计为前提条件。在此基础上,可以建立所需的维修性模型,以便进行维修性分配。

6.2.1　维修性分配的目的

将产品的维修性指标分配到各功能层次的各部分,归根结底是为了明确各部分的维修性目的或指标。其目的是:

(1)为系统或设备的各部分(低层产品)研制者提供维修性设计指标,以保证系统或设备最终符合规定的维修性要求。

(2) 通过维修性分配,明确各转承制方或供应方的产品维修性指标,以便于系统承制方对其实施管理。

维修性分配是一项必不可少的、费用效益高的工作。因为任何设计总是从明确的目标或指标开始的,不仅系统级如此,低层次产品也应如此。只有合理分配指标,才能避免设计的盲目性。而维修性分配主要是早期"纸上谈兵"的分析、论证性工作,虽然其所需要的费用和人力消耗不大,但却在很大程度上决定着产品设计。只有合理的指标分配方案,才可以使系统经济而有效地达到规定的维修性目标。

6.2.2 维修性分配的指标及产品层次

维修性分配的指标应当是关系全局的系统维修性的主要指标,在合同或任务书中规定的最常见的是:

(1) 平均修复时间;
(2) 平均预防性维修时间;
(3) 维修工时率。

原则上,维修性分配的产品层次和范围,是那些影响系统维修性的部分。对于具体装备要根据系统级的要求、维修方案等因素而定,而且随着设计的深入,分配的层次也要逐步展开。如果产品维修指标值规定了基础级的维修时间(工时),而对中继级、基地级没有要求,那么指标只需要分配到基础级的可更换单元。

6.2.3 维修性分配的时机与过程

产品维修性分配应尽早开始。这是因为它是各层次产品维修性设计的依据。只有尽早分配,才能充分地权衡、更改和下层分配。

分配实际上是逐步深入的,早在产品论证中就需要进行分配,从系统级和高层级开始。在初步设计阶段,由于设计与可靠性等信息,维修性指标的分配也仅限于较高的层次。

随着设计的深入,获得更多的设计与可靠性信息,维修性分析可以深入到各个可更换单元。

6.2.4 维修性分配应考虑的因素

(1) 维修级别:维修性指标是按哪一个维修级别规定的,就应按照该级别的条件完成维修工作分配指标。

(2) 维修类别:指标要区别清楚是修复性维修还是预防性维修,或是二者的结合,相应的时间或工时维修性频率不得混淆。

(3) 产品功能层次:维修性分配要将指标自上而下直至分配到需要进行更换或维修的低层次产品。

(4) 维修活动:每一次维修都要按合理顺序完成一项或多项维修活动。而一次维修的时间则由相应的若干时间元素组成。通常可分为以下七项维修活动:

① 准备:检查或查看;准备工具、设备、备件及油液;预热;判定系统状况。

② 诊断:检测并隔离故障,即确定故障情况、原因及位置,找出导致故障的部套件。

③ 拆卸更换:用可使用部套件更换失效的部套件。

④ 调整、校准。

⑤ 保养:擦拭、清洗、润滑、加注油液等。

⑥ 检查。

⑦ 原件修复:对更换下来的可维修产品进行修复。

对不同产品,不同的维修级别及维修类型,一次维修包括的活动也不相同,在分析、计算维修时间时应分别考虑。

6.2.5　维修性分配的主要依据

(1) 对于新的设计,固有特性未知,分配应以涉及的每个功能层次上各部分的相对复杂性为基础,在许多场合,可按各部分的故障率分配。

(2) 若设计是从过去的设计演变而来的或有相似的装备,则分配应以过去的经验或相似装备的数据为基础。

(3) 分配是否合理应以技术可行性、费用、进度等约束条件为依据。

6.3　维修性分配的工作程序

维修性分配是使用方提出指标要求,设计部门将这指标值进行分配到系统,再分配到设备,同时进行系统和设备设计,在设计的过程中进行维修性指标的预计,并不断改进设计。当设计逐渐完善,到达后期可以制造实物样机进行维修性的演示和验证,对突出问题进行研究,并改进设计,完善设计最终才能定型。其主要流程有:①进行系统维修职能分析,确定每一个维修级别需要行使的维修保障的职能和流程。②进行系统功能层次分析,确定系统各组成部分的维修措施和要素。③确定系统各组成部分的维修频率。④根据装备特点和研制阶段,将系统维修性指标分配到各单元,研究分配方案的可行性,进行综合权衡。

6.3.1 分析系统维修职能

维修职能分析是根据产品的维修方案规定的维修级别划分,确定各级别的维修职能,在各级别上维修的工作流程。

各类产品由于用途、编制使用条件等不同,维修级别划分不尽相同。我国军用装备一般实施三级维修,即维修级别划分为:基层级(舰员和/或基层维修机构,在使用现场或其附近以换件维修为主)、中继级(部队后方维修机构,除支援现场维修外,可在后方场所、设施中进行维修)、基地级(后方的维修工程或装配制造厂进行的维修)。美国空军从20世纪80年代后提出三级维修变成二级维修。对每个维修级别上的维修职能要进一步区分,即每个级别上干什么,维修到什么程度,是换件维修还是原件维修等。

6.3.2 确定各层次各产品的维修频率

给各产品分配维修性指标,要以其维修频率为基础。因此应确定各层次各产品的维修频率,包括修复性维修和预防性维修的频率。

各产品修复性维修的频率等于其故障率。如果已经进行了可靠性分配或预计,则可以直接引用各产品的故障率、分配值或预计值。否则,需要进行分配或预计。

预防性维修的内容与频率,可根据故障模式与影响分析,采用"以可靠性为中心的维修分析"(RCMA)等方法确定。在研制早期,可参照类似产品的数据和设计人员的工程判断,确定各产品的维修频率。

为便于维修性分配,可将上述获得的维修频率标注在功能层次框图各产品方框或圆圈旁边。同时应注意,维修频率要随着研制阶段深入及时修正。

6.3.3 分配维修性指标

将给定的系统维修性指标自高向低逐层分配到各产品,其具体准则及方法详见6.4节。

6.3.4 权衡分配方案

分析各个产品实现分配指标的可行性,要综合考虑技术、费用、保障资源等因素,以确定分配方案是否合理、可行。

第一,考虑技术上的合理性和可行性。例如,某个可更换部件分配指标是平均修复时间半分钟,那么,它就只能采取插接、扣锁等快速连接的形式,而不是焊接、螺钉连接。该连接方式对该部件是否合适,与可靠性有无矛盾,其结构尺寸是否允许等,都需要加以考虑。第二,考虑费用,如上述采用快速解脱的扣锁、插接等形式,费用可能较高。第三,考虑人员、工具设备等保障资源,是否因为该部件要求的较短维修时间而增加。

通过综合考虑,评估分配方案是否合理可行,如果某些部套件的分配指标不太可行,可以采取以下措施:

(1) 修正分配方案,即保证满足系统维修性指标的前提下,局部调整的指标。

(2) 调整维修任务,即对维修功能层次框图中安排的维修措施或设计特征作局部调整,使系统及产品的维修性指标都能够实现。但这种局部调整,不能违背维修方案总的约束,并应符合提高效能减少费用的总目标。如果这些措施仍难奏效,则应考虑更大范围的权衡与协调。

在维修性设计上,关注的是如何在设计过程中,将维修性的定性要求和定量指标落实到设计过程中,并最终从设计的产品中体现出来。在舰船装备的设计中,参数平均修复时间(MTTR)被作为重要的维修性参数在设计中全程予以考虑。MTTR 的分配和预计在设计的全过程中被不断地反复迭代,参照对 MTTR 的预计结果来选择和优化设计方案,其一般流程如图 6-1 所示。

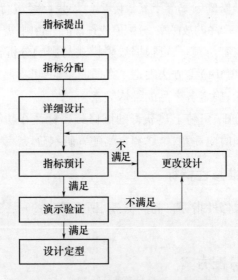

图 6-1 装备维修性设计的一般流程

6.4 舰船装备常用维修性分配方法

系统(上层次产品)与其他各部分(下层次产品,以下称单元)的维修性参数

表达式为

$$\overline{M}_{\mathrm{ct}} = \frac{\sum_{i=1}^{n} \lambda_i \overline{M}_{\mathrm{ct}i}}{\sum_{i=1}^{n} \lambda_i} \tag{6-1}$$

其他维修性参数的表达式也类似。然而满足上式的解集是多值的,需要根据维修性分配的约束条件及原则来确定所需的解。这样就有不同的分配方法,见表6-1所列。

表6-1 舰船装备常用的维修性分配方法

维修性分配方法	适用条件(机械、电子等)	适用的工程研制阶段	优缺点
等分配法	本方法适用于下一层次各组成部分的复杂程度、故障率及维修难易程度均相似的系统;也可在缺少可靠性和维修性信息时,用作初步分配	论证阶段和方案阶段	优点:方法简单;在缺少可靠性和维修性数据时,可进行维修性分配。 缺点:缺少相关可靠性数据,各分系统分配的维修性指标较笼统
按故障率分配法	本方法适用于已分配了可靠性指标或已有可靠性预计值的系统;该分配方法是按故障率高的维修时间应当短的原则进行分配	方案阶段和工程研制阶段	优点:只需要可靠性的分配值或预计值,不需要更多的数据或资料。 缺点:须有可靠性分配或预计值,且仅依据故障率分配的维修性参数,有时虽然合理但未必可行
按故障率和设计特性的综合加权分配法	本方法适用于已有可靠性数据和设计方案等资料时的维修性分配	方案阶段和工程研制阶段	优点:将分配时考虑的因素转化为加权因子,再进行分配,维修性分配指标较准确。 缺点:考虑因素较多,如复杂性、维修环境等,且需要各单元的可靠性数据
利用相似产品维修性数据分配法	本方法适用于有相似产品维修性数据的情况	论证阶段、方案阶段和工程研制阶段	优点:方法简单,所需数据不多。 缺点:只适用于有相似产品维修性数据的新研产品的分配和改进改型产品的再分配,具有局限性
保证可用度和考虑各单元复杂性差异的加权分配法	本方法适用于已分配了可靠性指标或已有可靠性预计值,需保证系统可用度并考虑各单元复杂性差异的串联系统	论证阶段和方案阶段	优点:考虑了单元的复杂度,并保证系统的固有可用度。 缺点:考虑因素较多,且需要系统可用度以及各单元的个数及故障频率

6.4.1 等分配法

适用条件:组成上层次产品的各单元的复杂度、故障率及预想的维修难易程度大致相同。也可以在缺少可靠性、维修性信息时,进行初步的分配。分配准则是使每个单元的指标相等,即

$$\overline{M}_{ct1} = \overline{M}_{ct2} = \overline{M}_{ct3} = \cdots = \overline{M}_{ctn} = \overline{M}_{ct} \quad (6-2)$$

6.4.2 按可用度分配法

如前所述,产品维修性设计的主要目标之一是确保产品的可用性或战备完好性。因此,按照规定的可用度要求和分配维修性指标,是广泛使用的一种方法。

可用度 A 可表示为

$$A = \frac{T_{BF}}{T_{BF} + \overline{M}_{ct}} = \frac{1}{1 + \overline{M}_{ct}/T_{BF}} \quad (6-3)$$

式中:T_{BF}——产品的平均故障间隔时间(MTBF),单位为 h。

由上式可得

$$\overline{M}_{ct} = T_{BF}\left(\frac{1}{A} - 1\right) \quad (6-4)$$

当故障分布服从指数分布的情况下,可写成

$$A = \frac{1}{1 + \lambda \overline{M}_{ct}} \quad \overline{M}_{ct} = \frac{1-A}{\lambda A} \quad (6-5)$$

式中:λ——产品的故障率。

1. 等可用度分配

若各组成单元的可用度相同,即

$$A_1 = A_2 = \cdots = A_n \quad (6-6)$$

则

$$\lambda_1 \overline{M}_{ct1} = \lambda_2 \overline{M}_{ct2} = \cdots = \lambda_n \overline{M}_{ctn} \quad (6-7)$$

于是有

$$\overline{M}_{ct} = \frac{n \lambda_i \overline{M}_{cti}}{\sum \lambda_i} \quad (6-8)$$

$$\overline{M}_{cti} = \frac{\overline{M}_{ct} \sum \lambda_i}{n \lambda_i} \quad (6-9)$$

公式表明,分配给单元的平均修复时间与其故障率成反比,因此这种方法又称为按故障率分配法。显然,这要比等值分配修复时间更合理。

2. 非等可用度分配

在工程实践中,分配可用度时常考虑产品的相对复杂性。一般而言,产品结构越简单,其可靠性就越好,维修性也越简便迅速,可用性好;反之,结构越复杂,可用性则难以满足要求。因此,可按相对复杂程度来分配各单元可用度。第 i 单元的可用度分配为

$$A_i = A_S^{Ki} \tag{6-10}$$

式中:A_S——系统的可用度值。

于是有

$$\overline{M}_{cti} = \frac{1-A_i}{\lambda_i A_i} = \frac{1}{\lambda_i}\left(\frac{1}{A_i}-1\right) \tag{6-11}$$

或

$$\overline{M}_{cti} = \frac{1}{\lambda_i}(A_S^{-Ki}-1) \tag{6-12}$$

例 6-1:某串联系统由四个单元组成,要求其系统可用度 $A_S=0.95$,预计各单元的原件和故障率如表 6-2 所列,试确定各单元的平均修复时间指标。

表 6-2 某串联系统单元的原件和故障率表

单元号	元件数	故障率(1/h)
1	1000	0.001
2	2500	0.005
3	4500	0.01
4	6000	0.02
总计	14000	0.036

解:将表中各值代入公式可得到各单元的可用度:

$$A_1 = 0.95^{1000/14000} = 0.9963 \tag{6-13}$$

相似可得

$$A_2 = 0.9909, A_3 = 0.9863, A_4 = 0.9783 \tag{6-14}$$

于是求得各个单元的平均修复时间:

$$\overline{M}_{ct1} = \frac{1}{0.001}\left(\frac{1}{0.9963}-1\right) = 3.714 \tag{6-15}$$

相似可得

$$\overline{M}_{ct2}=1.837, \overline{M}_{ct3}=1.667, \overline{M}_{ct4}=1.111 \tag{6-16}$$

系统的平均修复时间：

$$\overline{M}_{ct} = \frac{1}{0.036}\left(\frac{1}{0.95} - 1\right) = 1.462 \qquad (6-17)$$

6.4.3 相似产品分配法

借用已有的相似产品维修性状况提供的信息，作为新研制或改进产品维修性分配的依据。显然，这种方法普遍适用于产品的改进、改型中的分配。由于新产品往往也总有某种继承性，因此，只要找到合适的相似产品数据，这种方法也是可使用的。

已知相似产品维修性数据，计算新(改进)产品的维修性指标，可用下式：

$$\overline{M}_{cti} = \frac{\overline{M}_{cti}'}{\overline{M}_{ct}'}\overline{M}_{ct} \qquad (6-18)$$

式中：$\overline{M}_{ct}'$ 和 $\overline{M}_{cti}'$ 分别表示相似产品(系统)和它的第 i 单元的平均维修时间。

例6-2：某定时系统组成及各单元数据如表6-3所列。要求对其进行改进，使平均维修时间控制在60min以内，试着分配各单元的指标。

表6-3 某定时系统组成及各单元数据表

单元	电池和电源(x_2)	频率基准(x_2)	时间编码发生器(x_2)	时间显示器	分秒变换器	控制和开关比较器
故障率	30.00	48.01	51.10	23.29	6.85	72.04
平均故障修复时间	68	120	58	60	42	52

解：首先计算现有系统的平均修复时间

$$\overline{M}_{ct}' = \frac{\sum_{i=1}^{n} \lambda_i \overline{M}_{cti}'}{\sum_{i=1}^{n} \lambda_i}$$

$$= \frac{2 \times 30 \times 68 + 2 \times 48.01 \times 120 + 2 \times 51.1 \times 58 + 72.04 \times 52 + 6.85 \times 42 + 23.30 \times 60}{2 \times 30 + 2 \times 48.01 + 2 \times 51.1 + 72.04 + 6.85 + 23.30}$$

$= 74.7\text{min}$

相似，可计算2~6单元的平均修复时间为96min、46min、41min、33min、48min。

$$\overline{M}_{ct1} = \frac{68}{74.7} \times 60 = 54.6\text{min} \qquad (6-19)$$

最后，验算分配的单元指标是否符合系统指标要求：

第6章 维修性分配

$$\overline{M}_{ct} = \frac{\sum\limits_{i=1}^{n} \lambda_i \overline{M}_{cti}}{\sum\limits_{i=1}^{n} \lambda_i} = 59.5\min\,(符合要求) \qquad (6-20)$$

6.4.4 加权因子分配法

将分配时考虑的因素转化为加权因子,按加权因子分配,是一种简便、实用的分配方法,加权因子的参考值如表6-4所列。本方法适用于已有可靠性数据和设计方案等资料时的维修性分配,在方案阶段后期及工程研制阶段都可使用。

表6-4 考虑四种维修性加权因子时的参考值

\multicolumn{3}{c	}{故障检测与隔离因子(k_{i1})}	\multicolumn{3}{c}{可达性因子(k_{i2})}
类型	因子 k_{i1}	说明	类型	因子 k_{i2}	说明
自动	1	使用设备内计算机检测故障部位	直接	1	更换失效单元无须拆除遮盖物
半自动	3	人工控制机内检测电路进行故障定位	简单	2	能快速拆除遮盖物
人工检测	5	用机外轻便仪表在机内设定的检测孔检测	困难	4	拆除阻挡、遮盖物须上、下螺钉
人工	10	机内无设定的检测孔,须人工逐点寻迹	十分困难	8	除上、下螺钉外,并须两人以上移动阻挡、遮盖物
\multicolumn{3}{c	}{可更换性因子(k_{i3})}	\multicolumn{3}{c}{可调整性因子(k_{i4})}
类型	因子 k_{i3}	说明	类型	因子 k_{i4}	说明
插拔	1	更换单元是印制插件	不调	1	更换失效单元时无须调整
卡扣	2	更换元件是模块,更换时拆卸卡扣	微调	3	利用设备内调整元件进行调整
螺钉	4	更换单元要上、下螺钉	联调	5	须与其他电路一起联调
焊接	6	更换时要进行焊接			

这种方法的一般表达形式为

$$\overline{M}_{cti} = \frac{k_i \sum\limits_{i=1}^{n} \lambda_i}{\sum\limits_{i=1}^{n} k_i \lambda_i} \overline{M}_{ct} \qquad (6-21)$$

式中:k_i——第 i 单元的维修性加权因子,根据所要考虑的因素而定。若有 m 个因素,则取各因素之和,即

$$k_i = \sum_{j=1}^{m} k_{ij} \qquad (6-22)$$

式中：k_{ij}——第 i 单元、第 j 种因素的加权因子。

GJB/Z 57—1994《维修性分配与预计手册》提供了分别适用于机电、电子设备的加权因子的参考值，如表 6-5 是适用于机电设备的加权因子。这些加权因子，实际上是从各因素对单元维修性指标的影响来考虑的。对减少维修时间越不利，k_{ij} 就越大。

表 6-5 某机电设备的维修性加权因子

单元	检测隔离情况	可达性	可更换性	调整型	λ_i(1/h)
1	人工检测	有遮盖、螺钉固定	卡扣固定	需微调	0.01
2	自动检测	能快速拆卸遮挡	插接	需微调	0.02
3	半自动检测	同单元1	螺钉固定	不需调整	0.06

例 6-3：某系统由三个单元构成，要求系统平均修复时间小于或等于 0.5h，按预想方案各单元概况如下，据此分配各单元的平均修复时间指标。

解：对照表 6-4，可得各单元各项加权因子 k_{ij}

表 6-6 各单元项加权因子

i \ j	1	2	3	4
1	5	4	2	3
2	1	2	1	3
3	3	4	4	1

$$k_1 = 5 + 4 + 2 + 3 = 14$$

$$k_2 = 1 + 2 + 1 + 3 = 7$$

$$k_3 = 3 + 4 + 4 + 1 = 12$$

$$\sum_{i=1}^{3} k_i = 14 + 7 + 12 = 33$$

$$\sum_{i=1}^{3} \lambda_i = 0.01 + 0.02 + 0.06 = 0.09$$

式(6-1)代入，可计算出各单元指标：

$$\overline{M}_{ct1} = \frac{14 \times 0.09}{33 \times 0.01} \times 0.5 = 1.91$$

$$\overline{M}_{ct2} = \frac{7 \times 0.09}{33 \times 0.02} \times 0.5 = 0.48$$

$$\overline{M}_{\text{ct1}} = \frac{12 \times 0.09}{33 \times 0.06} \times 0.5 = 0.27$$

可将其分别归整为 2.0h、0.5h、0.25h,并用式(6-1)校验。

6.5 组织实施

为保证系统维修性指标合理、科学地分配到各部分,需要注意以下几个方面。

6.5.1 分配的组织实施

整个系统的维修性通常由总设计师单位负责进行分配,他们应保证与转承制方共同实现合同规定的系统维修性要求。每一设备或较低层次产品的承制方(转承制方)负责将其承担的指标达到要求或更低层次,直至各个可更换件。

6.5.2 分配方法的选用

如前所述,可以采用不同的方法进行维修性分配。按可用度分配是最经常和普遍采用的。按可用度分配,可以满足规定的可用度或维修时间指标,只需要可靠性的分配值或预计值,不需要更多的数据或资料。因此,在研制早期最宜采用。而加权系数分配法,考虑各部分维修性实现的可行性,它要求知道整体及各部分的结构方案,故在方案阶段后期及工程研制阶段使用。相似产品分配法,不仅适用于产品改进改型,只要找到相似产品或作为研制过程的改进都是非常简便有效的,它可以提高合理、可行的分配结果。

6.5.3 分配与维修性估计相结合

为使维修性分配的结果合理、可行,应当在分配过程中,对各分配指标的产品维修性进行估计,并采取必要的措施。在分配的同时进行维修性估计,当然可以应用或局部应用维修性预计的方法。但由于设计方案未定,难以完成正规的预计,主要用一些简单粗略的方法。可以利用类似产品的数据,包括在其他装备采用的同类或近似产品的数据;可以从类似产品得到的经验,如各产品维修时间或其各维修活动时间的比例;再就是根据设计人员、维修人员凭经验估计维修时间或工时。

6.5.4 分配结果的评审与权衡

维修性分配的结果是研制中维修性工作评审的重要内容,特别是在系统要求评审、系统设计评审中,更应评审维修性分配结果。

对维修性分配的结果要进行权衡。当某个或某些产品的维修性指标估计值比分配相差甚远时,要考虑是否合适,是否需要调整,或者作为关键性的部分进行研究,还要考虑研制周期与费用,以及对保障资源的要求等。

对于电子产品以及其他复杂产品,故障检验与隔离时间往往要占整个故障排除时间的很大一部分,而且获取其手段所用的费用及资源也占很大一部分。要把测试性的分配同维修性指标分配结合在一起,并进行权衡。分配给某个产品维修时间时,要考虑其检测隔离故障的时间、可能采取的手段,以及检测率隔离率等指标。

第7章 维修性预计

舰船维修性预计,是根据舰船装备的设计构想或已设计出的结构或结构方案,预测舰船在预定条件下进行维修时的维修性参数值。通过预计,达到判断设计是否满足所给定的维修性指标,确定是否需要对维修性问题进行必要的设计更改,实现对维修性工作的监控。维修性预计参数一般与舰船维修性论证设计时的技术指标相一致,最常用、最基本的预计参数是装备的维修时间。

7.1 概 述

7.1.1 维修性预计的目的

预先估计产品的维修性参数,了解其是否满足规定的维修性指标,以便对维修性工作实施监控,是预计的目的。其具体作用是:

(1)预计产品设计或设计方案可达到的维修性水平,是否能达到规定的指标,以便做出设计决策(选择设计方案或转入新的研制阶段或试验)。

(2)及时发现维修性设计及保障缺陷,作为更改设计或保障安排的依据。

(3)当研制过程中更改设计或保障要素时,估计其对维修性的影响,以便采取对策。

此外,维修性预计常常是用作维修性设计评审的一种工具或依据。

维修性预计是研制与改进产品过程必不可少且费用效益较好的维修性工作。预计作为一种分析工作,自然不能取代维修性的试验验证。但是,预计可以在试验之前、产品制造之前,乃至详细设计完成之前,对产品可能达到的维修性水平做出估计。尽管这种估计不是验证的依据,却赢得了研制过程宝贵的时间,以便早日做出决策。避免设计的盲目性,防止完成设计、制成样品试验时才发现不能满足要求,无法或难以纠正。同时,预计是分析性工作,投入较少,利用它避免频繁的试验摸底,其效益是很大的。

7.1.2　维修性预计的时机

研制过程的维修性预计要尽早开始、逐步深入、适时修正,在方案论证及确认阶段,就要对满足使用要求的系统方案进行维修性预计。评估这些方案满足维修性要求的程度,作为选择方案的重要依据。在这个阶段可供利用的数据有限,不确定因素较多,主要是利用相似产品的数据,预计比较粗略,但它的作用却不可忽视。如果此时不进行维修性预计,选择了难以满足维修性指标的系统方案,工程研制阶段就会遇到种种困难,乃至不能满足要求,而不得不大返工。

在工程研制阶段,需要针对已做出的设计进行维修性预计,确定系统的固有维修性参数值,并做出是否符合要求的估计。此时由于比方案阶段有更多的系统信息,预计会更精确。随着设计的深入,有了装备详细的功能方框图和装配方案,原来初步设计中的那些假设或工程人员的判断,已由图纸上的具体设计所替代,就可以进行更为详细而准确的预计。

此外,在研制过程中,如果出现设计更改,要做出预计,以评估其是否会对维修性产生不利影响。

如果没有现成的维修性预计结果,在维修性试验前应进行预计。一般地说,预计不合格不宜转入试验。

7.1.3　维修性预计的条件

不同时机、不同维修性预计方法需要的条件不尽相同。但预计一般应具有以下条件:

(1)现有相似产品的数据,包含产品的结构和维修性参数值。这些数据用作预计的参照基准。

(2)维修方案、维修资源(包括人员、物质资源)等约束条件,只有明确维修保障条件,才能确定具体产品的维修时间、工时等参数值。

(3)系统各产品的故障率数据,可以是预计值或实际值。

(4)维修工作的流程、时间元素及顺序等。

7.2　维修性预计步骤及方法

7.2.1　维修性预计的参数

维修性预计的参数应同规定的指标相一致。最经常预计的是平均修复时间,根据需要也可预计最大修复时间、工时率或预防性维修时间。

维修性预计的参数通常是系统或设备级的,以便与合同规定和使用需要相比较。而要预计出系统或设备的维修性参数,必须先求得其组成单元的维修时间或工时及维修频率。在此基础上,运用累加或加权和等模型,求得系统或设备的维修时间或工时均值、最大值。所以,根据产品设计特征估计各单元的维修时间及频率是预计工作的基础。

7.2.2 维修性预计步骤

进行系统维修性预计,首先要对系统的使用要求、任务剖面、工作原理等使用需求情况进行全面分析,明确相关可更换单元清单、故障数据及保障方案;通过 FMEA、FTA 和 LORA 等分析,掌握系统结构及单元功能、维修级别、维修方法和措施等维修性信息,确定相应维修职能及工作流程;了解单元封装、连接和检测点设置等设计特征及其对所预计维修性参数影响;从系统的组成结构和功能特点出发,选择合理的预计方法和模型,进而实现对系统维修性参数的预计。维修性预计一般步骤如图 7-1 所示。

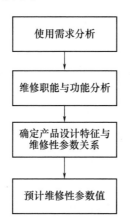

图 7-1 维修性预计步骤

7.2.3 维修性预计方法

按照美国 MUL-HDBK-472 和我国 GJBZ 57-94 标准,常见的维修性预计方法主要有回归预计法、概率模拟法、抽样评分法、运行功能法、时间累计法和单元对比法,另外还有统计推断法、线性回归法和加权因子法等。表 7-1 给出了常见的 5 种维修性预计方法,并对方法的适用范围、特点及优缺点情况进行了分析和比较。

表7-1 维修性常见预计方法比较

序号	方法	适用范围	特点	优缺点
1	回归预计法	适用于机电装备,用于在装备研制的早期,主要用于换件维修时间的预计	根据相似装备的历史数据,并分析影响新装备维修性的影响因素,建立维修时间的回归方程	优点:使用较简单。 缺点:粗略的早期预计技术,准确程度取决于新装备的设计特点、预期维修性之间相互关系的准确程度
2	时间累计法	各种电子设备的维修性参数预计,也可用于任何使用环境和包括机械装备在内的其他装备在基层级、中继级和基地级维修的维修性参数预计	对维修工作时间进行综合和累加以获得总的系统维修时间,累加中所用的时间是某种分布的平均值,基本原理是由下而上,逐层对各个项目的维修工作时间进行综合累加,从而获得总的系统维修时间	优点:这是一种比较简单而成熟的方法,它根据历史经验或现有的数据、图表,对照装备的设计或设计方案和维修保障条件,逐个确定每个维修项目、每项工作或维修活动乃至每项基本维修作业所需的时间或工时,然后综合累加或求其平均值,最后预计出装备的维修性参数,该方法适用于各类装备。 缺点:考虑因素较多,如故障诊断、可更换单元结构、故障率等
3	运行功能法	各种系统与设备维修时间预计,也可用于设计改进时对维修时间进行估计	把任务过程分为若干运行功能,尽可能地利用现有数据,并以历史经验和主观评价专家判断等数据为基础,依照故障率加权值和环境条件确定系统平均修复时间	优点:将修复性维修与预防性维修结合在一起,是一种常用的经济可行方法。 缺点:根据专家经验判断,主观成分较多,且该方法是基于环境判断,而不是基于设计的
4	单元对比法	各种产品维修性参数的早期预计	以某个维修时间已知的或能够估测的单元为基准,通过对比确定其他单元的维修时间,再按维修频率求均值,得到修复性维修时间	优点:计算简单。 缺点:都是以相对量值计算,容易导致累积误差大,计算精度较低
5	功能层次法	海军舰船及海岸电子设备及系统,也可用于其他相似产品	用于修复性维修时,根据维修活动及产品层次查表确定修复时间,维修工作主要有七项,每项维修工作时间由功能级确定	优点:预计结果能用于设计评价和改进,用于工程研制阶段的详细设计的预计。 缺点:修理时间为各项维修活动时间之和,基本作业时间与现用维修方法及特性不相符,对维修方案及基层级可更换单元的故障模式不敏感

7.3 回归预计法

回归预计法对已有数据进行回归分析,建立模型进行预测,利用现有类似产品改变设计特征(结构类型、设计参量等)进行充分试验或模拟,或者利用现场统计数据,找出设备特征与维修性参量的关系,用回归分析建立模型,作为推断新产品或改进产品维修性参数值的依据。

这种推断方法是一种粗略的早期预计技术。尽管粗略,但因为不需要多少具体的产品信息,所以,在研制早期(如战技指标论证或方案探索中)仍有一定应用价值。

对不同类型的装备,影响维修性参数值的因素不同,其模型有很大差别。

影响电子设备维修时间的设计特征很多,经验表明其中最主要的可能是两个:

(1)设备发生一次故障所需更换的零元器件平均数u_1。

(2)设备的复杂性,即包含的零元器件数或可更换单元数u_2。

经验表明,设备平均故障修复时间$\overline{M_{ct}}$与u_1、u_2近似为线性关系,即

$$\overline{M_{ct}} = c_1 u_1 + c_2 u_2 \tag{7-1}$$

通过试验或统计数据,回归分析求出系数u_1,u_2,可预计$\overline{M_{ct}}$。

根据我国的试验分析,对雷达可采用下式作为预计模型:

$$\overline{M_{ct}} = 0.15\, u_1 + 0.0025\, u_2 \tag{7-2}$$

式中:$\overline{M_{ct}}$用小时计。

原军械工程学院电子系在对现有装备地面雷达、指挥仪试验的基础上,用回归分析建立这类装备基层级维修的平均修复时间(以 min 计)模型为

$$\overline{M_{ct}} = \exp(6.897 - 0.35\, x_1 - 0.15\, x_2 - 0.20\, x_3 - 0.10\, x_4 - 0.15\, x_5) \tag{7-3}$$

这是一个非线性回归模型。其中$x_1 \sim x_5$分别为检测快速性、模件化、可达性、标记、配套因子,由差到好取 1~4 分。

苏联学者对苏式飞机建立了维修性指标的回归模型。例如:

$$M_1 = 9.4 + 0.265 P \tag{7-4}$$

式中:M_1——维修工时率(单位为工时/飞行小时);

P——不带发动机的飞机重量(单位为 t)。

又如:

$$\overline{M_{ct}} = \beta_0 + \beta_1 P + \beta_2 N + \beta_3 V + \beta_4 t_y \tag{7-5}$$

式中：β_i——回归性系数，$i=1,2,3,4$；

　　N——单位重量的功率；

　　V——最大飞行速度；

　　t_y——出厂时间，单位为年。

有了这类回归模型，只要知道新产品有关的设计参量，就可以估算出维修性参数值。

7.4　时间累计预计法

时间累计预计法是根据历史经验或现成的数据、图表，对照装备的设计或设计方案和维修保障条件，逐个确定每个维修项目、每项维修工作、维修活动乃至每项基本维修作业所需的时间或工时，然后综合累加或求均值，最后预计出装备的维修性参量。GJB/Z 57—1994《维修性分配与预计手册》提供的方法201、202、205是典型的时间累计法。其中方法201是适用于航空机械电子及机电系统的外场维修的维修性参数预计；方法202适用于海军舰船及海岸电子设备与系统维修时间或工时的预计，但也可用于设计、使用和应用情况相同的其他装备。方法205是方法202的进一步发展。

1. 适用范围

本预计法用于预计航空、地面及舰载电子设备在基层级、中继级及基地级维修的维修性参数，也可用于任何环境下包括机械装备在内的其他各种装备。

事实上由于舰船系统结构复杂，子样较少，且存有多重故障等实际情况，运用该模型进行计算时，由于各维修作业时间分布不同，常常工作量过大，计算困难，甚至难以计算。

2. 预计的基本参数

平均修复时间($\overline{M}_{ct}$)是本预计法能预计的主要维修性参数。用本预计法可以预计的其他参数是：在给定百分位的最大修复时间($\overline{M}_{max}(\varphi)$)；故障隔离率$r_{FI}$；每次修复的平均维修工时($\overline{M}_{MH}/R_P$)；每工作小时的平均维修工时($\overline{M}_{MH}/OH$)。

3. 前提性假设

在本预计法中用到的假定和规定：

(1) 实际的故障率与预计的故障率是成比例的；

(2) 每次修理只考虑一个故障；

(3) 维修按确定的维修规程进行;

(4) 维修由具有合适的技能和训练的维修人员进行;

(5) 只计实际的维修时间,管理和后勤延误及清理时间不计在内。

分析设备或系统的维修性,将设备或系统的维修时间与可更换单元维修时间、具体维修作业的时间联系起来,并通过时间累加和均值模型预计设备或系统的维修性参数。

4. 需要的资料

(1) 主要可更换单元的目录及数量(实际的或估计的);

(2) 各可更换单元的预计或估算的故障率;

(3) 各可更换单元故障检测隔离的基本方法;

(4) 故障隔离到一组可更换单元时的更换方案;

(5) 封装特点;

(6) 估算的或要求的故障隔离能力(即故障隔离到一个或一组可更换单元的百分率)。

如果这些资料不能从其他方面(参见 GJB 813—1990《可靠性模型的建立和可靠性预计》和 GJB 1319—1991《国防科技文献叙词标引规则》)获得,则必须作为维修性预计的一部分来获取。

7.4.1 基本原理

1. 修复时间元素

修复性维修由以下几项活动组成:准备、故障隔离、分解、更换、结合、调整、检验、启动。因此,这些活动时间称为修复时间元素。在预计模型中使用的这些修复时间元素的定义和符号如下:

准备时间T_{1nj}:在进行故障隔离之前需完成的那些工作经历的时间。

故障隔离时间T_{2nj}:把故障隔离到着手进行修复的层次所需的工作时间。

分解时间T_{3nj}:拆卸设备以便达到在故障隔离过程中所确定的那个可更换单元(或若干单元)所需的时间。

更换时间T_{4nj}:更换失效的或怀疑失效的可更换单元所需的时间。

结合时间T_{5nj}:在换件后重新结合设备所需的时间。

调整时间T_{6nj}:在排除故障后调整系统或可更换单元所需的时间。

检验时间T_{7nj}:检验故障是否已被排除、该系统能否运行所需的时间。

启动时间T_{8nj}:在核实故障已被排除、该系统可以运行之后,立即使该系统恢复到发生故障之前的运行状态所需的时间。

脚注 nj 表示由第 j 种故障检测和隔离(FD&I)显示或迹象所导致的第 n 个 RI 的维修工作。术语 FD&I 是指单独或综合地运用人工操作或检测装置的输出(如显示信号、迹象、打印输出、读数或人工操作的结果等),以表明已经发生了某种故障,并把故障隔离到着手进行修复的层次。

2. 基本模型

1)平均修复时间

$$\overline{M}_{ct} = \frac{\sum_{n=1}^{N} \lambda_n T_n}{\sum_{n=1}^{N} \lambda_n} \tag{7-6}$$

式中:N——可更换单元(RI)数;

λ_n——第 n 个 RI 的故障率;

T_n——第 n 个 RI 的平均修复时间。

$$T_n = \frac{\sum_{j=1}^{J} \lambda_{nj} T_{nj}}{\sum_{j=1}^{J} \lambda_{nj}} \tag{7-7}$$

式中:J——各种 FD&J 输出总数;

λ_{nj}——在第 j 个 FD&I 输出时能检出第 n 个 RI 的故障率;

T_{nj}——在第 j 个 FD&I 输出时检出的第 n 个 RI 的故障修复时间。

$$T_{nj} = \sum_{m=1}^{M_{nj}} T_{mnj} \tag{7-8}$$

式中:M_{nj}——第 n 个 RI 发生故障并由第 J 个 FD&I 检出后排除故障维修的活动数。包括各项维修活动,即准备、隔离等。其中可能包含对于由第 J 个故障隔离结果中检出的其他 RI 的操作(如用交替更换确定第 j 个 RI)。

T_{mnj}——对由第 j 个 FD&I 输出检出的第 n 个 RI 进行第 m 项排除故障维修活动的平均时间。

2)每次修复的平均维修工时

$$\frac{\overline{M}_{MH}}{R_P} = \frac{\sum_{M=1}^{N} \lambda_n \overline{M}_{MHn}}{\sum_{n=1}^{N} \lambda_n} \tag{7-9}$$

式中:$\overline{M}_{MHn}$——修复第 n 个 RI 引起的故障需要的平均工时。

$$\overline{M}_{MHm} = \frac{\sum_{j=1}^{J} \lambda_n M_{MHnj}}{\sum_{j=1}^{J} \lambda_{nj}} \tag{7-10}$$

$M_{\text{MH}nj}$——修复由第 j 个 FD&I 输出的第 n 个 RI 所需的维修工时。

3)每次维修的平均维修工时

这个参数是在 $\dfrac{\overline{M}_{\text{MH}}}{R_{\text{P}}}$ 的基础上再加上由于系统的检测装置虚警所消耗的维修工时。应考虑的有两种虚警:

(1)第一种虚警是在正常运行时出现的,但在故障隔离过程中未能再现;

(2)第二种虚警是在隔离到某个 RI 时出现,而该 RI 实际上并未失效。

每次维修的平均维修工时:

$$\overline{M}_{\text{MH}}/MA = \dfrac{\sum_{n=1}^{N}(1+R_{\text{AF}2n})\lambda_n \overline{M}_{\text{MH}n} + \sum_{n=1}^{N} R_{\text{AF}1n}\lambda_n \overline{M}_{\text{MHD}}}{\sum_{n=1}^{N}(1+R_{\text{AF}2n})\lambda_n + \sum_{n=1}^{N} R_{\text{AF}1n}\lambda_n}$$

(7-11)

式中:$R_{\text{AF}1n}$——第一种虚警发生频率,以第 n 个 RI 故障的百分数表示;

$R_{\text{AF}2n}$——第二种虚警发生频率,以第 n 个 RI 故障的百分数表示;

$\overline{M}_{\text{MHD}}$——第一种虚警引起的平均维修工时。

第二种虚警引起的平均维修工时与修复该单元的 $\overline{M}_{\text{MH}n}$ 相同。

虚警取决于系统种类、使用环境、维修环境、系统设计以及故障检测与隔离的执行过程。因此,不可能导出一组虚警的标准值。

7.4.2 应用程序

1. 确定预计要求

确定要预计的维修性参数,建立预计的基本规则,确定进行预计所依据的维修级别。

参数的确定包含选定参数(若需要)或要评定的参数以及规定每个参数的定义。假如要按照用户所确定的分析参数的工作说明进行预计,必须判定其所列的参数是否与本方法中某一相当的参数相符。否则,预计模型必须进行相应改变。作为参数估算工作的一部分,必须决定哪些维修活动(如准备、隔离等)应包含在分析中,哪些应予排除。

此外要明确预计所依据的维修级别。如果以具体的维修组织(如修理所、基地等)确定级别,则按预定的维修方案就可以确定要进行的工作。如果按作业级别或地点(如现场、后方等)确定级别,则必须用在该使用级别或地点执行维修任务的维修组织重新确定维修级别。

2. 确定更换方案

在确定预计要求的同时,必须制订维修方案,与维修性预计有关的维修方案的主要输出是确定如何修理有效以及哪些是可更换单元。

在此过程中应确定整套可更换单元。当故障隔离到单个可更换单元时,可单独更换该单元以排除故障。如果维修方案允许故障隔离到各 RI 组并通过更换 RI 组修复,则在各 RI 组互不相关时,将每个 RI 组看成为一个 RI。如果采用人工方法交替更换可更换单元组中的各单元,以判明和换掉失效的单元,这就是交替更换方案。制订维修方案时必须明确更换方案。

3. 决定预计参数

收集与确定基础数据。类似表 7-2 和表 7-3 的表格可用于数据收集与确定过程。用这些表格按进行预计的层次收集数据。例如,如果要计算系统内每台设备的修复时间,则每台设备应单独使用一张设备数据收集表。而每个可更换单元都要单独使用一张单元数据收集表。应将收集和确定的数据记录在表中,填写步骤如下:

(1) 将所有主要的可更换单元名称及其数量 Q_n、故障率填在表 7-2 中。

(2) 对每个 RI,在表 7-3 中填写对其进行的排除故障维修活动的名称及其说明。当一项维修活动有不同的方法时,应分别说明。

(3) 确定并在表 7-3 中填写各项维修活动所需的时间 T_{mv} 及对应的故障率 λ_{mv}。T_{mv} 和 λ_{mv} 分别代表第 m 项维修活动采用第 v 种方法时所需的时间和相应的故障率,$v = 1, 2, \cdots, v_m$。

表 7-2 设备数据收集表(示例)

RI 名称	项目名称			时间元素 T_N							
	λ_n	数量 Q_n	$\lambda_n Q_n$	T_1	T_2	T_3	T_4	T_5	T_6	T_7	T_8
$\sum$											

表 7-3 单元数据收集表(示例)

RI 代码名称 数量 第 页 共 页			
维修活动	维修活动说明	T_{mv}	λ_{mv}

各 RI 在不同情况下的故障率根据可靠性预计得到。维修活动时间则可由产品的实际时间、维修时间标准、类似产品的实际时间以及经验判断等方法得到。

(4)确定并在表 7-2 中填写各项时间元素 T_m。若 RI 的维修活动只有一种方法,即 $v_m = 1$,则可将其时间 T_m 直接填于表 7-2 的时间元素栏目中。若有几种方法,则应先求出各个 T_{mv} 填于表 7-3 中,再按模型求均值填于表 7-2 中。

4. 预计模型和分模型的选择

应根据实际维修作业情况进行选择。对那些无必要完成的维修活动元素加以删除维修模型。计算时间元素分模型的一般形式也为加权均值模型,即

$$T_m = \frac{\sum_{v=1}^{v} \lambda_{mv} T_{mv}}{\sum_{v=1}^{v} \lambda_{mv}} \quad (7-12)$$

对于不同的维修方案,可能对某些时间元素的模型要做适当的修正。例如,当故障隔离不能隔离到一个 RI,只能隔离到 S 个 RI 组成的 RI 组时,要用交替更换来进一步确定失效的 RI 并排除故障。假定平均交替更换 S_r 次才能排除故障,则时间元素更换 T_4 和检验 T_7 都要变为隔离到一个 RI 的 $\bar{S}_1$ 倍,有的情况下,分解结合时间 T_3、T_5 也要变为 $\bar{S}_1$ 倍。另外,维修通道数对分解结合时间也有影响。所以,应根据具体情况,确定计算时间元素的分模型。

5. 计算平均修复时间

计算 $\bar{M}_{ct}$ 的层次是故障隔离组中所含的 RI 平均数($\bar{S}_G$)或排除故障需要的交替换件平均数($\bar{S}_1$)已经确定的层次。例如,若能够确定系统内每一设备的 $\bar{S}_1$ 或 $\bar{S}_G$,则可预计 $\bar{M}_{ct}$ 的最低层次是设备层次。如果对整个系统,设备的故障隔离到单一的 RI($\bar{S}_G = 1$),则可在任何层次计算 $\bar{M}_{ct}$,因为在 RI 之间没有不确定的东西。

为了在给定层次计算修复时间,必须确定该层次 $\bar{S}_T$ 或 $\bar{S}_G$ 的值。在选定了计算修复时间的层次后,选择适当模型在此层次上计算每个时间元素,再用其平均值依故障率加权计算上一层次的修复时间。

① 计算 $\bar{S}_G$ 和 $\bar{S}_1$ 的方法。

计算 $\bar{S}_G$ 和 $\bar{S}_1$ 的方法取决于故障隔离要求如何规定。若故障隔离的能力规定如下:

$X_1\%$ 隔离到小于或等于 N_1 个 RI;

$X_2\%$ 隔离到大于 N_1 而小于或等于 N_2 个 RI;

$X_3\%$ 隔离到大于 N_2 而小于或等于 N_3 个 RI;

且 $X_1 + X_2 + X_3 = 100$。

则

$$\bar{S} = \frac{X_1\left(\frac{N_1+1}{2}\right) + X_2\left(\frac{N_1+N_2+1}{2}\right) X_2\left(\frac{N_2+N_3+1}{2}\right)}{100} \quad (7-13)$$

用此计算$\bar{S}$的方法预计$\bar{M}_{ct}$的依据是假设设计已经(或将要)满足规定的故障隔离要求。所得到的预计结果是固有的$\bar{M}_{ct}$,它将以达到该规定要求为前提。这种方法在装备研制的早期阶段对于要求的分配和估算方面是很有价值的。当能取得实际故障隔离特征数据时这种方法则不应采用。

计算$\bar{S}$的第二种方法,涉及所分析装备故障隔离的具体特征。应先将设备划分为K个RI组,这些RI组之间是相互独立的,且能够估计其隔离能力。对每个RI组估计其平均隔离组RI的单元数$\bar{S}_r$,然后按各RI组的故障率λ_r求加权平均值。公式如下:

$$\bar{S} = \frac{\sum_{r=1}^{R} \lambda_r \bar{S}_r}{\sum_{r=1}^{R} \lambda_r} \tag{7-14}$$

② 计算$\bar{M}_{ct}$。

由各分模型计算出来的平均时间元素$\bar{T}_m$之和求得$\bar{M}_{ct}$。$\bar{M}_{ct}$表示为

$$\bar{M}_{ct} = \sum_{m=1}^{M} T_m \tag{7-15}$$

如果计算的修复时间是某一较低层次的,则其上一层次的修复时间按下式计算:

$$\bar{M}_{ct} = \frac{\sum_{b=1}^{B} \lambda_b \bar{M}_{ctb}}{\sum_{b=1}^{B} \lambda_b} \tag{7-16}$$

式中:$\bar{M}_{ctb}$——第b个较低层次产品的平均修复时间;

λ_b——第b个较低层次产品的故障率;

B——较低层次的产品数。

7.5 运行功能预计法

7.5.1 基本原理

运行功能是指在规定的时间间隔内,系统正在执行的功能。以舰船为例:在离开母港之前第一项运行功能是使预热柴油发动机升温,并进行其他预防性维修检查。在此期间,可能发生某种要求采取修复性维修措施的故障(与第一项运行功能有关),这些故障也可能在规定的预防性维修的例行监测中查出来,因为这时要对所有仪表读数进行详细检查。其他的运行功能的分析与此相似。这就是本方法需要制定任务、维修剖面,以便规定系统的各种运行功能以及每种运

行功能所需要的预防性维修。

本预计方法遵循以下假设和原理：

(1)本方法认为通过维修分析人员同设计人员的密切合作,或者由设计人员本身,就能够很好地做出维修作业时间的估计。

(2)本方法认为对于维修性预计是切实可行的,因此不提供数据。

(3)本方法认为在整个任务过程中,系统或设备要完成一项或多项运行功能,而维修时间则取决于具体的运行功能。

因此,预计需要：

(1)系统功能层次框图。

(2)系统任务剖面或运行功能流程图。

(3)产品各组成部分(以下简称"单元")清单。

(4)产品各单元故障率。

(5)维修方案、维修资源(设施、人员、保障设备等)和维修作业的详细定义。

(6)维修性指标(合同指标与分配到各单元的指标)。

(7)环境约束条件。

本方法将预防性维修和修复性维修时间进行统一的分析研究,可利用维修作业时间的现有数据源。数据的适用性由分析人员判断。当这类资料难以获取时,可由专家估计维修作业时间为补充。这种维修可按经历的时间、系统或设备的各个功能层次分别进行研究。

对于某项具体运行功能的每一项特定的预防性维修,系统或设备的平均维修时间将不同。本方法可以从最低功能层次的组成单元直至系统层,并对这些时间进行评定。这些预计的维修时间不包括管理时间和其他延误时间。

7.5.2 应用程序

如图 7-2 所示,运行功能预计法分为七步；

1. 组成单元的划分

系统 n 个组成单元用 $I_1, I_2, \cdots, I_n$ 表示。λ_j 表示 I_j 的单元故障率,且假定 λ_j 在规定的时间间隔内为常数。

2. 确定运行功能及预防性维修活动

系统的 R 项运行功能用 $O_1, O_2, \cdots, O_R$ 表示。其中每一项运行功能,都需若干个单元来完成。显然,所有的单元将至少参与一项运行功能的完成。与系统的运行功能有关的 M 项预防性维修活动用 $P_1, P_2, \cdots, P_q$ 表示。其中每一项则按工作类型(如检查、保养等)和维修方案及资源等约束条件确定。如果类型或约

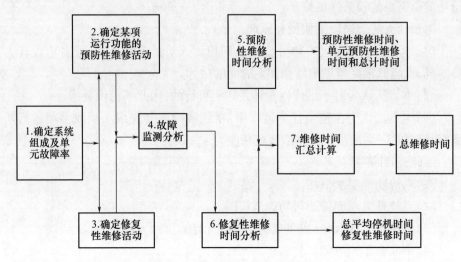

图 7-2 运行功能预计法的步骤

束条件有修改,必须确定为一项新的预防性维修活动。

3. 确定修复性维修活动

k 项修复性维修活动用 $C_1, C_2, \cdots, C_k$ 表示(如测试、拆卸、更换、调整、修复、检验等)。各项维修活动分配到每个单元,各个单元的各项维修活动时间是唯一的。例如,计算某个单元的拆卸时间是假定该单元所有通道均已疏通的情况。

4. 故障检测分析

只分析那些在预防性维修或运行功能期间可检测识别的故障单元。那些在与具体的预防性维修或运行功能有关的约束条件之下,能够检测出来但不修复的单元可能降额使用或转移到其他维修级别上,故只记故障检测时间。

5. 预防性维修时间分析

预防性维修活动按下式确定

$$M_{ptm} = \sum_{i=1}^{n_{rm}} T_{im}$$

式中:M_{ptm}——完成预防性维修活动 P_m 的时间;

T_{im}——按预防性维修活动 P_m 要求对单元 I_j 完成维修的时间(不重复计并行作业时间);

n_{rm}——与某项运行功能和预防性维修活动 P_m 有关的单元数。

6. 修复性维修时间分析

对所确定的具体的预防性维修或运行功能过程中监测出的单元,进行修复性维修作业分析。确定系统在某运行功能中的某项预防性维修的故障隔离的范围和功能层次,估计可修单元的修复时间和不修单元的故障诊断时间。

(1)第 m 项预防性维修中检出故障的平均修复时间 $\overline{M}_{ctm}$ 由下式计算:

$$\overline{M}_{ctm} = \frac{\sum_{i=1}^{n_{1m}} \lambda_{im} T_{im} + \sum_{j=1}^{n_{2m}} \lambda_{jm} T_{sjm}}{\sum_{i=1}^{mti} \lambda_{im} + \sum_{j=1}^{n_{2m}} \lambda_{jm}} \quad (7-17)$$

式中:T_{im}——对于某项运行功能的 P_m 期间为修复有故障的单元 I_j 需要的时间,它包括故障诊断、隔离时间、拆卸、更换、调整等修理时间和修后检验时间;

λ_{im}——在 P_m 期间可修单元 I_j 可检出的故障率;

T_{jm}——在 P_m 期间为隔离第 j 个不修单元所需的故障检测时间;

λ_{jm}——在 P_m 期间能隔离 j 个不修单元可检出的故障率;

n_{1m}——在 p_m 期间可修单元数;

n_{2m}——在 P_m 期间不修单元数。

(2)运行功能 O_r 期间系统平均修复时间 $\overline{M}_{ctr}$ 由下式计算:

$$\overline{M}_{ctr} = \frac{\sum_{i=1}^{n_{3r}} \lambda_{ir} T_{ir} + \sum_{j=1}^{n_{4r}} \lambda_{jr} T_{sjr}}{\sum_{i=1}^{n_{3r}} \lambda_{ir} + \sum_{j=1}^{n_{4r}} \lambda_{jr}} \quad (7-18)$$

式中:n_{3r}——在运行功能 O_r 期间可修单元数;

n_{4r}——在运行功能 O_r 期间不修单元数;

T_{ir}——在运行功能 O_r 期间为修复可修单元 I_1 需要的时间,它包含的时间元素与 T_{im} 相同;

λ_{ir}——在运行功能 O_r 期间可修单元 I_1 的故障率;

T_{sjr}——在运行功能期间 O_r 期间为隔离第 j 个不修单元所需的故障检测时间;

λ_{jr}——在运行功能 O_r 期间隔离的第 j 个不修单元的故障率。

(3)维修时间汇总计算:

系统平均修复时间可按运行功能及预防性维修的平均修复时间加权值确定;

$$M_{pt} = \sum_{m=1}^{M} a_m M_{Lim} \quad (7-19)$$

式中:a_m——在规定的期间内第 m 项预防性维修的发生频数。

规定的期间内系统总的维修时间 M:

$$M = M_{pt} + f \cdot M_{ct} \quad (7-20)$$

式中:f——在规定的期间内发生的可检测故障数。

7.6 单元对比预计法

在组成系统或设备的单元中,总可以找到一个可知其维修时间的单元作基准,通过与基准单元对比,估计各单元的维修时间,进而确定系统或设备的维修时间。

本方法预计修复性、预防性两类维修的维修性参数,适用于各类产品方案阶段的早期预计,可用于指导改进产品的维修性设计。

本方法所需的资料主要有:
(1)所有在规定维修级别可更换单元的清单。
(2)各个可更换单元的相对复杂程度。
(3)至少一个可更换单元的可靠性、维修性水平。
(4)各个定期预防性维修单元的维修频率的相对量值。

上述(2)~(4)中需要的是确定产品中各可更换单元故障率的相对量值,修理项目中各作业时间长短的相对量值和预防性维修频率的相对量值。确定各单元相对量值的方法是选定一个单元作为基准,其他单元与之比较,从而可以获得相应的系数。

1. 相对故障率系数

第 i 个可更换单元的相对故障率系数,为

$$k_i = \lambda_i / \lambda_0 \tag{7-21}$$

式中:λ_i——产品中第 i 个可更换单元的故障率。

实际预计中 k_i 并不由 λ_i 和 λ_0 的量值计算,可根据设计特性直接估算。

2. 相对维修时间系数

本方法对修复性维修考虑四项维修活动因素:
(1)定位隔离;
(2)拆卸组装;
(3)安装更换;
(4)调准检测。相对维修时间系数 h_i 为

$$h_i = h_{i1} + h_{i2} + h_{i3} + h_{i4} \tag{7-22}$$

式中:h_{ij} 由第 i 个可更换单元第 j 种维修活动时间(t_{ij})与基准单元相应维修活动时间(t_{0j})之比确定,即

$$h_{ij} = h_{0j} t_{ij} / t_{0j} \tag{7-23}$$

可根据设计方案直接估算确定。

预防性维修应考虑的维修活动因素应根据装备的实际情况确定。

3. 相对预防性维修频率系数

相对频率系数 l_i 是指第 i 个预防性维修单元的预防性维修频率 f_i 相对于基准单元预防性维修频率 f_0 之比,即

$$l_i = f_i/f_0 \tag{7-24}$$

可根据设计特性直接决定。

7.6.1 基本原理

1. 平均修复时间

系统的平均维修时间,既与各单元的维修时间有关,又与各单元维修频率有关。而单元的维修时间,又取决于其规模及故障检测、隔离、拆装、更换的难易程度,本方法假设已知基本单元的维修时间和频率,其他单元可通过以上方面的比较得到维修时间和频率,据此做出预计:

$$M_{ct} = M_{ct0} \sum_{i=1}^{n} h_{ci} k_i / \sum_{i=1}^{n} k_i \tag{7-25}$$

式中:M_{ct0}——基准可更换单元的平均修复时间;

k_i——产品中第 i 个可更换单元相对故障率系数;

h_{ci}——产品中第 i 个可更换单元相对维修时间系数。

k_i——第 i 个可更换单元相对故障率系数,即

$$k_i = \lambda_i/\lambda_0 \tag{7-26}$$

式中:λ_i、λ_0——分别是第 λ 单元和基准单元的故障率。

在实际预计中,k_i 并不需由 λ_i 与 λ_0 计算,可由单元设计特性估计。

2. 平均预防性维修时间

$$M_{pi} = M_{pt0} \sum_{i=1}^{n} l_i h_{pi} / \sum_{i=1}^{n} l_i \tag{7-27}$$

式中:M_{pt0}——基准单元定期预防性维修的平均时间;

l_i——产品中第 i 个预防性维修单元的相对预防性维修的频率系数,即

$$l_i = f_i/f_0 \tag{7-28}$$

h_{pi}——产品中第 i 个预防性维修单元的相对维修时间系数。

3. 平均维修时间

$$M = \frac{M_{ct0} \sum_{ci} k_i + Q_0 M_{pt0} \sum_{pi} l_i}{\sum k_i + Q_0 \sum l_i} \tag{7-29}$$

$$Q_0 = f_0/\lambda_0 \tag{7-30}$$

式中:f_0——预防性维修基准单元的预防性维修频率;

λ_0——修复性维修基准单元的故障率。

4. 相对维修时间系数 h_i

第 i 单元的相对修复时间或预防性维修时间系数 h_{ci} 或 h_{pi} 可用同样的方法确定,以下用 h_i 代表。

本程序规定维修活动分为四项:故障定位隔离;拆卸组装;可更换单元安装更换;调准检验。故 h_i 也分为四项:

$$h_i = h_{i1} + h_{i2} + h_{i3} + h_{i4} \tag{7-31}$$

h_i 是第 i 单元第 j 项维修活动时间 (t_{ij}) 与基准单元维修时间 (M_{ct0} 或 M_{pt0}) 之比,可由 t_{ij} 乘以 h_{0j} 相对于基准单元相应时间 (t_{0j}) 之比确定:

$$h_{ij} = h_{0j} t_{ij} / t_{0j} \tag{7-32}$$

式中:h_{0j}——基准单元第 j 种维修活动时间所占其整个维修时间的比值。

显然,$h_0 = h_{01} + h_{02} + h_{03} + h_{04} = 1$。

7.6.2 应用程序

1. 确定产品的可更换单元

以规定的维修级别(如现场维修)为准,根据产品设计方案和实施可能,划分、确定产品的各个可更换单元。若修复性维修与预防性维修的单元不同,应分别列出。

2. 选择基准单元

基准单元的选择原则,一要能够估测其平均维修时间;二要使它与其他单元在复杂性、维修性等方面有明确的可比性,以利于确定各种系数。对于修复性与预防性维修的基准单元,可以是同一个基准单元,也可以分别选择基准单元。

3. 估算确定各项系数

产品中每一可更换单元列出各项系数。对修复性维修的基准单元,令其 $k_0 = 1$,$h_{01} + h_{02} + h_{03} + h_{04} = 1$,$h_{0i}$ 的数值根据四项活动时间所占比例关系确定。其他各可更换单元按相对于基准单元的倍比关系确定各项系数。例如基准单元 $h_{01} = 0.4$,第 2 号单元相对于基准单元而言,定位隔离时间为其 1.25 倍,则 $h_{21} = 1.25 \times 0.4 = 0.5$。对预防性维修基准单元,令其 $l_0 = 1$,其他与修复性维修相似。

4. 计算维修时间

按预计模型中的相应公式,计算平均修复时间、平均预防性维修时间和平均维修时间。

5. 示例

设某产品在现场维修时,可划分为 12 个可更换单元(LRU),其设计与保障方案已知,第 1 号单元的平均修复时间为 10min,故障率预计为 0.0005/h,第 3

号单元预防性维修频率为 0.0001/h。要求核验其平均维修时间是否不大于 20min。

因为设计与保障方案已知,且可更换单元也已明确,故只需从确定基准单元开始。显然,取第 1 号单元为修复性维修基准单元,第 3 号为预防性维修基准单元为好。

确定各单元的各个系数,并收集列于表 7-4 中(表 7-4)假定设备采用机外测试,单元 1 作为基准,其故障率系数 $k_0 = k_1 = 1$。检测隔离平均时间 4min,拆装其外的遮挡 3min,单元 1 为插接式模块其更换只要 1min,更换后的调准约 2min。于是,$h_{01} = 0.4$,$h_{02} = 0.3$,$h_{03} = 0.1$,$h_{04} = 0.2$。该模块不需做预防性维修,$l_1 = 0$。

假定单元 2 是一个重量较大需用多个螺钉固定的模块,其外还有屏蔽,寿命较短。因此,其相对故障率系数高,取 $k_2 = 2.5$。检测隔离与基准单元相差不大,取 $h_{21} = 0.5$;更换时需拆装外部屏蔽遮挡,比基准单元费时间,取 $h_{22} = 1$;多个螺钉固定,更换费时,$h_{23} = 2$;调准较费时,$h_{24} = 0.6$。不需预防性维修,$l_2 = 0$。

表 7-4 可更换单元系数表(示例)

可更换单元序号	k_{ij}	h_{ij}				h_i $\sum ij$	$k_i h_i$	l_i	$l_i h_i$
		$i1$	$i2$	$i3$	$i4$				
1	1	0.4	0.3	0.1	0.2	1	1	0	0
2	2.5	0.5	1	2	0.6	4.1	10.25	0	0
3	0.7	1.8	0.3	0.5	0.7	3.3	1.31	1	3.3
4	1.5	2	1.2	0.8	0.5	4.5	6.75	0	0
5	0.5	1.2	0.5	0.3	2	4	2	0	0
6	2.8	0.4	1	0.25	0.5	2.15	6.02	2.5	5.375
7	0.8	1.3	0.7	1.2	0.8	4	3.2	0	0
8	2.2	0.2	0.5	0.4	0.3	1.4	3.08	0	0
9	3	0.6	0.8	0.6	0.5	2.5	7.5	1.5	3.75
10	0.08	5	2	2.5	3	12.5	1	0.04	0.5
11	0.9	1	2	0.8	1	4.8	4.32	0	0
12	1.4	0.6	0.3	0.4	0.5	1.8	2.52	0	0
合计	17.38						49.95	5.04	12.925

假定单元 3 是一个小型电机,依其设计、安装情况,与基准单元对比,估计出各系数如表 7-4 所列。因为它需要定期润滑、检修,故 l_3 不为零,作为预防性维修基准单元,$l_3 = l_0 = 1$。

其余各单元可照上面的办法估计各系数并列入表中。

按表所列,计算各系数之和。再代入式(7-21),式(7-23),式(7-25)计算出装备的维修性参数预计值。由于各维修时间系数均是以单元 1 为基准的,故公式中的基准单元维修时间均应用单元 1 的 10min。

$$\overline{M}_{ct} = 10 \times 49.95/17.38 = 28.74 \text{min}$$

$$\overline{M}_{pt} = 10 \times 12.925/05.04 = 25.64 \text{min}$$

$$\overline{M} = \frac{10 \times 49.95 + 0.0001 \times 10 \times 12.925/0.0005}{17.38 + 0.0001 \times 5.04/0.0005}$$

$$= \frac{499.5 + 25.85}{18.39} = 28.57 \text{min}$$

预计的平均维修时间 $\overline{M} = 28.57\text{min}$,超过指标要求(20min),需要更改设计方案。由 $\overline{M}$ 计算式可见,其中预防性维修的影响较小,可暂不考虑。要减少修复时间,即应减少 $\sum k_i h_i$,在 $\overline{M}$ 式中:若令 $\overline{M} = 20\text{min}$,则可得:

$$\sum k_i h_i = [\overline{M}(\sum k_{ci} + f_0 \sum l_i/\lambda_0) - f_0 M_{pt0} \sum l_i k p_i/\lambda_0]/M_{ct0}$$
$$= [20 \times 18.39 - 25.39]/10 = 34.2$$

要将 $\sum k_i h_i$ 减至 34.2,由表中可见,重点应放在减少 2、9、4、6、11 等单元的修复时间。

7.7 抽样评分法

这种预计方法是 GJB/Z 57—1994《维修性分配与预计手册》的方法 203。它采用抽取装备中足够的可更换单元,按照核对表对其维修作业进行评分,再用经验公式估算出维修时间。可以预计的基本参数有平均修复时间 $\overline{M}_{ct}$、平均预防性维修时间 $\overline{M}_{pt}$、平均维修时间 $\overline{M}$、最大修复时间 M_{max}。

抽样评分法用于预计地面电子系统和设备平均修复时间和最大修复时间。其原理和方法实际上也可用于其他装备,但计算修复时间的回归公式需要修正。

该方法用在工程研制阶段的维修性预计。通常在设计完成前进行粗略的估计,然后随着研制进程做出更详细的预计。

为完成预计,评分人员必须能够获取设计与保障的详细资料,包括:

(1)系统或设备的原理图。

(2)结构布局。

(3)功能与操作说明。

(4)工具与测试设备的说明。

(5) 维修器材清单。

(6) 使用与维修工作环境的说明。

7.7.1 基本原理

抽样评分法与7.4节介绍的时间累计法都是将系统或设备分解为若干可更换单元(RI),先估算各单元失效后进行维修所需的时间如表7-5和表7-6所列,然后再求系统或设备的时间均值。但抽样评分法有两个显著的特点:

(1) 在全部RI中按随机抽样原理,选取足够样本的RI作为分析对象,确定这些RI失效后的修复作业时间。由于分析对象不是全部RI,使预计工作量大大减少。但由于有足够作业样本量,且按故障率或维修频率分配样本,仍可保证一定的预计精度。

表7-5 RI基本维修作业时间

类别	时间标准序号	项目	标准时间/min		
			拆卸	安装	更换
紧固件	1	标准螺钉	0.16	0.26	0.42
	2	六角螺钉	0.17	0.43	0.60
	3	系留螺钉	0.15	0.20	0.35
	4	快速紧固件(1/4周)	0.08	0.05	0.13
	5	快速紧固件(小于1周)	0.06	0.06	0.12
	6	蝶形螺钉	0.06	0.08	0.14
	7	机器螺钉	0.21	0.46	0.67
	8	螺母螺栓	0.34	0.44	0.78
	9	U形挡圈	—	0.27	—
扣锁	10	拉环扣锁	0.03	0.03	0.06
	11	弹簧夹扣锁	0.04	0.03	0.07
	12	蝶形扣锁	0.05	0.05	0.10
	13	螺纹扣锁	0.45	0.69	1.14
	14	转动扣锁	0.03	0.04	0.07
	15	滑动扣锁	—	—	—
线端连接	16	连接柱(每根)	0.22	0.64	
	17	螺钉连接导线	0.23	0.45	0.68
	18	结扎点连接	0.22	0.30	
	19	绕线	0.09	0.24	—
	20	锥形销	0.07	0.07	0.14

续表

类别	时间标准序号	项目		标准时间/min		
				拆卸	安装	更换
印制电路板	21	单个线头		0.14	0.17	—
	22	扁平组件		0.14	0.13	—
	23	直接式集成电路	① 8 脚	0.46	0.52	—
			② 14 脚和 16 脚	0.90	0.86	—
连接器	24	单脚连接器		0.07	0.10	0.17
	25	多脚连接器		0.07	0.12	0.19
	26	快速同轴接头		0.04	0.04	0.0.8
	27	摩擦锁紧插头		—	—	—
	28	带螺钉的摩擦锁紧插头		0.18	0.20	0.38
	29	螺纹锁紧接头		0.09	0.17	0.26
	30	滑动锁紧插头		0.09	0.12	0.21
插入式模件	31	双列直插集成电路(双列插孔)		0.07	0.14	0.21
	32	插板(导槽，不用工具)	① 40 脚	—	—	—
			② 80 脚	0.04	0.07	0.11
	33	插板(导槽，用工具)	① 40 脚	0.06	0.07	0.13
			② 80 脚	0.09	0.08	0.17
	34	插板(无导槽，不用工具)	① 40 脚	—	—	—
			② 80 脚	0.04	0.16	0.20
	35	模块		0.09	0.11	0.20
其他	36	玻璃导线		—	—	0.10
	37	切断带蒙皮的导线		—	—	0.04
	38	导线加蒙套		—	—	0.21
	39	连接导线与拉线片		—	—	0.27
	40	卷线头(每根)		—	—	0.03
	41	修正导线(每根)		—	—	0.03
	42	黏接		0.55	0.13	0.68
	43	修复		2.20	0.23	2.43
	44	钎焊	① 接线柱	—	—	0.22
			② 电路板	—	—	0.06
	45	回流钎焊		—	—	0.25
	46	扁平组件镀锡(浸镀)		—	—	0.30

续表

类别	时间标准序号	项目		标准时间/min		
				拆卸	安装	更换
其他	47	拆焊	①用编织芯	—	—	0.16
			②用吸焊器	—	—	0.09
	48	扁平组件插脚成型(机械方法)		—	—	0.11
	49	清理表面		—	—	0.29
	50	栅板、门及盖板		0.04	0.03	0.07
	51	大抽屉		0.09	0.10	0.19
	52	指示灯		0.10	0.11	0.21
	53	螺纹连接盖板		0.11	0.14	0.25

表 7-6 常规维修工作时间

序号	工作项目	拆卸项目①	拆卸时间/min	安装项目	安装时间/min	更换总时间/min
1	从印制电路板拆卸晶体管	50(3),21A(3),53	1.19	42(3),21B(3),47(3),43(3),53	1.16	2.35
2	从接线柱拆换晶体管	50(2),16A(3),53	1.43	42(3),16B(3),43(3),46(3),53	3.05	4.48
3	从印制电路板拆卸轴向元件	50(2),21A(2),53	0.89	42(2),21B(2),47(2),43(2),53	0.87	1.76
4	从接线柱拆换轴向元件	50(2),21A(2),53	1.05	42(2),16B(2),43(2),46(2),53	1.69	1.74
5	从印制电路板拆换径向元件	50(2),16A(2),53	0.89	21B(2),43(2),47(2),53	0.81	1.70
6	从接线柱拆换径向元件	50(2),16A(2),53	1.05	42(2),16B(2),43(2),46(2),53	1.69	2.74
7	线头连接拆换	18A	0.22	39,20B	0.34	0.56
8	绕线拆换	19A	0.09	39,38,19B	0.38	0.47
9	从印制电路板拆换16脚集成电路	50(16),24A,53	3.75	24B,47(16),B(16),53	2.59	6.34
10	16脚扁平组件拆换	50(16),22A(16),53	5.09	49,52,22B,48,53	1.08	6.17
11	从印制电路板上拆换8脚集成电路	50(8),23A,53	2.03	23B,47(8),43(8),53	1.53	3.56

① 这些栏内的符号与表 7-5 的时间标准序号相对应。A 与 B 分别代表拆卸与安装。括号内的数字表示每项作业的次数。

(2) 对 RI 失效后的维修工作时间,采用从结构设计因素、对保障资源的需求、对维修人员素质要求三方面按一定准则评分,再用经验公式估算。即将定性因素经过定量化处理来完成维修性评估和参数计算。

7.7.2 应用程序

按照上面所说的原理和思路,抽样评分法的具体方法如下:

1. 确定样本量 N

样本量大小关系到预计的可信度和工作量。为保证足够的置信度,要有足够的分析样本。N 可由下式计算:

$$N = \left(\frac{zd}{k\bar{x}}\right)^2 = \left(C_x \frac{z}{k}\right)^2 \tag{7-33}$$

式中:$\bar{x}$——总体均值,即所要预计的产品平均修复时间或其均值指标,此时可参照历史数据或类似产品数据取估计值;

d——总体标准差,同样取估计值;

C_x——$C_x = d/\bar{x}$,总体变异系数,对地面电子设备,可取 $C_x = 1.07$;

z——规定置信度的分位数。若置信度为 90% 时,则 $z = 1.645$;

k——预计精度要求,用允许的相对误差,即均值 $\bar{x}$ 的百分数表示。

例如,规定置信度 95%,预计误差 ±25%,则:

$$N = \left(1.07 \times \frac{1.645}{0.25}\right)^2 = 50$$

若系统或设备的 RI 数小于 N,则对全部 RI 逐个分析。

2. 分配作业样本

样本量 N 要分配到各类 RI,再选定具体分析的作业样本。样本分配以各类 RI 的故障分摊率为准。所谓故障分摊率是指某类 RI 的总故障率占各类 RI 故障率总和的比例。样本分配的方法见表 7-7 的示例。

表 7-7 各类 RI 故障率和样本量确定

RI 类别	数量	故障率($1/10^6$)	总故障率	故障分摊率/%	样本分摊数	作业样本数
电机	15	1.89	28.35	10.9	5.45	5
一般线路	128	0.10	12.8	5.0	2.5	3
电源板	4	29.83	119.32	46.1	23.05	23
适配器	35	0.32	11.2	4.3	2.15	2
功率板	23	3.59	82.57	31.9	15.95	16
显示板	14	0.33	4.62	1.8	0.9	1
总计	219	—	258.86	100	—	50

确定各类 RI 作业样本数后,还要随机抽取相应数量的 RI,以备分析。如上例中,从 15 个电机中抽 5 个,128 个一般线路中抽 3 个。

3. 进行维修作业分析

对每个抽取的 RI,进行失效模式与影响分析(Failure Mode Effects Analysis,FMEA),确定其故障模式、故障现象、检测方式。然后,进行详细的维修分析,确定采取的维修作业程序、工具设备、维修通道、人员要求等内容,并可用图表加以记录。

4. 维修作业评分

对每个 RI 失效后的维修作业,逐一评分。然后将 A、B、C 三大项的分数分别累加。

5. 计算维修性参数值

将 RI 的三大项评分 A、B、C 代入下式求其平均修复时间 M_{cti}:

$$M_{cti} = \text{antilog}(3.54651 - 0.02512A - 0.03055B - 0.01093C) \quad (7-34)$$

再由各 M_{cti} 求得系统或设备平均修复时间:

$$\overline{M_{ct}} = \frac{\sum_{i=1}^{N} M_{cti}}{N} \quad (7-35)$$

在对数正态分布下的最大修复时间(95 百分位):

$$M_{\text{maxct}} = \text{antilog}(\theta + 1.645\sigma) \quad (7-36)$$

式中:θ——$\overline{M_{cti}}$ 的对数均值,即

$$\theta = \sum_{i=0}^{N} \lg M_{cti}/N \quad (7-37)$$

σ 为 $\overline{M_{cti}}$ 的对数标准差,即

$$\sigma = \sqrt{\frac{\sum_{i=0}^{N} (\lg M_{cti})^2 - N\theta^2}{N-1}} \quad (7-38)$$

6. 核对表及评分

用于对维修作业评分,每小项分别计分,0~4,分为 3 挡或 4 挡。其详细评分标准见 GJB/Z 57—1994《维修性分配与预计手册》的方法 203。

第8章 舰船装备维修性设计准则及符合性检查

维修性是产品的固有属性,只靠计算和分析是不够的。在具体的工作中,我们需要根据设计和使用中的经验,拟定相关准则,用于指导设计。

维修性设计准则是根据维修性的理论、方法并总结前人的设计、生产、使用的经验教训,经归纳、提炼而成的。因此必须由总师系统组织通用质量特性专业人员和有经验的产品设计人员共同制订,经反复征求意见,完善、修改后再正式颁发。

8.1 概 述

8.1.1 维修性设计准则的目的与作用

维修性设计准则是为了将系统的维修性要求及使用和保障约束转化为具体的产品设计而确定的通用或专用设计准则。该准则的条款是设计人员在设计装备时应遵循和采纳的。确定合理的维修性设计准则,并严格按准则的要求进行设计和评审,就能确保装备维修性要求落实在装备设计中,并最终实现这一要求。确定维修性设计准则是维修性工程中极为重要的工作之一,也是维修性设计与分析过程的主要内容。

制定维修性设计准则的目的可以归纳为以下三点:
(1)指导设计人员进行产品设计。
(2)便于系统工程师在研制过程中,特别是设计阶段进行设计评审。
(3)便于分析人员进行维修性分析和预计。

我国维修性工程开展时间较短,许多设计人员对维修性设计还不熟悉,同时维修性数据不足,定量化工作不尽完善。在这种情况下,充分吸取国内外经验,发挥维修性与产品设计专家的作用,制定维修性设计准则,供广大设计、分析人员使用,就更有其重要作用。

8.1.2 维修性设计准则的来源及途径

确定维修性设计准则的最基本的依据是产品的维修方案和维修性定性和定

量要求。设计准则显然应当依据维修性定性和定量要求来制定,实际上设计准则就是这些要求的细化和深化。维修方案中描述了产品及其各组成部分将于何时、何地以及如何进行维修,以及在完成维修任务时将需要什么资源。研制过程中,维修方案的规划和维修性的设计具有同等重要的地位,并且是相互交叉、反复进行的。维修方案影响产品设计,反过来设计一旦形成,对方案又有新的要求。初始的维修方案通常由订购方根据装备的使用要求提出,并不宜轻易变动,它是设计的先决条件,没有维修方案就不可能进行维修性设计。比如维修方案中不允许舰员级使用外部测试设备,那么在设计时就必须采用机内测试方案,以便在该级进行必要的检测和调校。又如,若舰员排除故障时不允许进行原件修复,那么就意味着设计中应尽量采用模块化设计,一旦产品发生故障,舰员级只进行换件修理。因此,确定维修性设计准则,还必须以维修方案为依据。

确定具体产品的维修性设计准则可参照:

(1)适用的标准、设计手册,如 GJB 368B—2009《装备维修性工作通用要求》、GJB 312—1987《飞机维修品质规范》或美军的 DOD – HDBK – 791《维修性设计技术》、HB 7499—1997《空空导弹维修性设计准则》和 HB 7502—1997《机载导弹发射装置维修性设计准则》等。

(2)类似产品的维修性设计准则和已有的维修与设计实践经验教训。

制定设计准则,首先要从现有的各种标准、规范、手册中选取那些适合具体产品的内容;同时,要结合产品的功能、结构类型、使用维修条件等特点,补充更加详细具体的原则和技术措施。

8.1.3 制定和实施维修性设计准则的注意事项

在制定和实施维修性设计准则时应注意的事项如下。

(1)应在设计开始之前就颁发,否则它不能发挥"将维修性设计到产品中去"的指导作用。

(2)维修性设计准则的制定有一个逐步完善、细化的过程。在方案设计开始前,应颁发供方案选择、确定总体布局时应遵循的较简化的设计准则;在详细设计前,应颁发供详细设计时遵循的细化设计准则(可按分系统、设备等分别编写)。并同时颁发实施规则,以便于检查落实。

(3)应强制贯彻执行。每个设计人员在完成产品设计的同时,写出关于维修性设计准则的符合性报告,在该报告中应逐条对照设计准则写出设计时所采取的相应措施及其落实情况。

8.2 维修性设计准则的一般原则

装备的维修性设计准则,通常应包括一般原则(总体要求)和各分系统(部分)的设计准则,其内容一般包括以下各方面。

8.2.1 简化设计

由于现代装备性能日益完善,其复杂程度也越来越高。过分复杂的结构,必然增加制造费用和维修保障费用,同时也增加了维修难度,影响了装备维修性。所以装备的设计应在满足功能要求和使用要求的前提下,尽可能采用最简单的结构和外形。

简化设计的另一含义是简化使用与维修人员的工作,降低对使用和维修人员的技能要求。如果一项设计,尽管其结构简单,但维修困难或维修时必须使用特殊的设备、工具或需要较高技能的人员来进行作业,那么从维修性的角度看,这项设计也是一项不成熟的设计。美国陆军曾规定,新设计的装备不应要求标准的美国陆军操作人员和维修技工在使用和维修装备时超过下列条件:

(1)高于九年级的阅读水平。
(2)完成数学运算,即便是简单的加减。
(3)报告复杂的数据或转换数据形式等。

设计装备时,如果不考虑维修人员的技术基础情况,只追求装备性能的实现,忽视使用和保障,就会带来严重的后果。甚至装备交付部队后无人会使用和维修,长期难以形成战斗力。因此,更应强调在设计装备时,使新的装备不但结构简单,而且使用与维修简便。装备简化设计主要包括:

(1)尽可能简化产品功能。装备的功能多样化,是导致结构与操作复杂化的根源。因此,应在满足使用需求的前提下,去掉不必要的功能。特别是在一些操作的自动与手动之间进行综合权衡,避免因为效益不大的自动化,导致结构与维修的复杂化。

(2)合并产品功能。把产品中相同或相似的功能结合在一起执行。比如,把执行相似功能的硬件适当地集中在一起,以便使用维修人员"一次办几件事"。再就是把几种功能结合在一个产品上或集中控制,实现"一物多用"。

(3)尽量减少零部件的品种和数量。进行产品设计时,用较多的零部件满足某一功能要求往往比用较少的零部件更容易些。所以初步设计常常是复杂的,而简化这种设计需要花费人力、物力和时间。但简化设计可以给生产和维修保障带来效益,而更重要的是提高了装备效能。

8.2.2 可达性

可达性是维修产品时,接近维修部位的难易程度。合理的结构设计是提高产品可达性的途径。通俗地讲,为了解决维修过程中的"可达"问题,必须从以下三个方面入手:第一看得见——视觉可达;第二够得着——实体可达,比如身体的某一部位或借助于工具能够接触到维修部位;第三有足够的操作空间。合理地设置维修窗口和维修通道是解决"看得见、够得着"的重要途径。所以,如海军舰载机等装备常用开敞率作为可达性好坏的具体衡量指标。所谓开敞率是指装备表面可打开的舱盖和维修口盖面积占装备外表面总面积的百分比。据统计,我国舰载机的开敞率一般在30%~40%,美军舰载机的开敞率高达60%。陆军的自行火炮外部装甲上的检查窗口盖也很多,给维修工作提供了方便,极大地提高了维修效率,缩短了维修时间。可达性设计需要考虑诸多因素与准则。

1. 可达性设计应考虑的因素

(1)装备使用的地点、安装与环境。

(2)必须进入该通道的频繁程度。

(3)通过该通道将完成的维修作业性质。

(4)为完成这些维修作业所需的时间。

(5)这些维修作业需要的工具和辅助设备的种类。

(6)为完成这些作业所需要的工作空间。

(7)维修人员可能穿着的服装。

(8)在通道内必须进入的深度。

(9)为完成该项作业,对技工的目视要求。

(10)在通道孔后方的器件与元件的封装情况。

(11)在通道孔后方的器件、组合件与元件的安装情况。

(12)使用通道可能产生的潜在危险。

(13)必须进入通道的人的肢体、工具、设备等等组合起来的大小、形状、重量以及所需要的余隙。

2. 可达性设计准则

(1)统筹安排、合理布局。故障率高、维修空间需求大的部件尽量安排在系统的外部或容易接近的部位。

(2)为避免各部分维修时交叉作业(特别是机械、电气、液压系统维修中的互相交叉)与干扰,可用专舱、专柜或其他适宜的形式布局。

(3)尽量做到检查或维修任一部分时,不拆卸、不移动或少拆卸、少移动其他部分。

(4)产品各部分(特别是易损件和常用件)的拆装要简便,拆装零部件进出的路线最好是直线或平缓的曲线;不要使拆下的产品拐着弯或颠倒后再移出。

(5)产品的检查点、测试点、检查窗、润滑点、添加口及燃油、液压、气动等系统的维修点,都应布局在便于接近的位置上。

(6)需要维修和拆装的机件,其周围要有足够的空间,以便进行测试或拆装。如螺栓螺母的安排应留扳手余隙。

(7)维修通道口或舱口的设计应使维修操作尽可能地简单方便。表8-1推荐了各种通道和口盖的设计措施。

表8-1 推荐的各种可达措施

理想程度	实体的可达措施	仅用于目视检查	用于测试与保养设备
最理想	拉出式机座或抽屉	无盖通孔	无盖通孔
理想	铰接门(若必须防止尘污、湿气或其他异物侵入时)	塑料窗(若必须防止尘污、湿气或其他异物侵入时)	弹簧加力滑动帽(若必须防止尘污、湿气或其他异物侵入时)
不太理想	带有卡锁、快速解脱紧固件的可拆卸面板(若无足够空间可安铰接门时)	不碎玻璃(若塑料难以满足需求时)	磨损或接触溶剂
最不理想	带最少量符合要求的大号螺钉的可卸面板(若应力、压力或安全需要时)	带最少量符合要求的大号螺钉的盖板(若应力、压力或安全需要时)	带最少量符合要求的大号螺钉的盖板(若应力、压力或安全需要时)

(8)维修时,一般应能看见内部的操作,其通道除了能容纳维修人员的手和臂外,还应留有适当的间隙以供观察。

(9)在不降低产品性能的条件下,可采用无遮盖的观察孔。需遮盖的观察孔应采用透明窗或快速开启的盖板。

8.2.3 标准化、互换性与模件化

标准化是近代产品的设计特点。从简化维修的角度,要求尽量采用国际标准、国家标准或专业标准的硬件(元器件、零部件等)和软件(如技术要求和程序等),减少元器件和零部件的种类、型号和式样。实现标准化有利于产品的设计

与制造,有利于零部件的供应、储备和调剂,使产品的维修更为简便,特别是便于军用装备在战场快速抢修中采用换件和拆拼修理。例如美军 Ml 坦克由于统一了接头、紧固件的规格等,使维修工具由 M60 坦克的 201 件减为 79 件,大大减轻了后勤负担,同时也有利于维修的机动。

互换性是指同种产品之间在实体上(几何形状、尺寸)、功能上能够彼此互相替换的性能。当两个产品在实体上、功能上相同,能用一个去代替另一个而不需改变产品或母体的性能时,则称该产品具有完全互换性;如果两个产品仅具有相同的功能,那就称之为具有功能互换性的产品。互换性可简化维修作业和节约备品费用,提高产品的维修性。

模件化设计是实现部件互换通用、快速更换修理的有效途径。模件(块)是指能从产品中单独分离出来,具有相对独立功能的结构整体。例如一些新式雷达,采用模件化设计,可按功能划分为若干个各自能完成某项功能的模件,如出现故障时则能单独显示故障部件,更换有故障的模件后即可开机使用。标准化、互换性与模块化设计要遵循的准则如下:

1. 优先选用标准件

设计产品时应优先选用标准化的设备、工具、元器件和零部件,并尽量减少其品种、规格。

2. 提高互换性和通用化程度

(1)在不同产品中最大限度地采用通用的零部件,并尽量减少其品种。军用装备的零部件及其附件、工具应尽量选用能满足使用要求的民用产品。

(2)设计产品时,必须使故障率高、容易损坏、关键性的零部件具有良好的互换性和必要的通用性。

(3)具有安装互换性的项目,必须具有功能的互换性。当需要互换的项目仅具有功能互换性时,可采用连接装置来解决安装互换性。

(4)不同工厂生产的相同型号的成品件、附件必须具有安装和功能的互换性。

(5)产品上功能相同且对称安装的部件、组件、零件,应尽量设计成可以互换通用的。

(6)修改零部件设计时,不要任意更改安装的结构要素,以免破坏互换性而造成整个产品或系统不能配套。

(7)产品需做某些更改或改进时,要尽量做到新老产品之间能够互换使用。

3. 尽量采用模件化设计

(1)产品应按照功能设计成若干个能够完全互换的模件(或模块),其数量应根据实际需要而定。需要在战场更换的部件更应重视模块化,以提高维修效率。

(2)模块从产品上卸下来以后,应便于单独进行测试。模块在更换后一般应不需要进行调整,若必须调整时,应能单独进行。

(3)成本低的器件可制成弃件式的模块并加标志。应明确规定弃件式模块判明报废所用的测量方法和报废标准。其内部备件的预期寿命应设计得大致相等。

(4)模块的大小与质量一般应便于拆装、携带或搬运。质量超过5kg不便握持的模块,应设有人力搬运的把手。必须用机械提升的模块,应设有便于装卸的吊孔或吊环。

8.2.4 防差错措施及识别标志

产品在维修中,常常会发生漏装、错装或其他操作差错,轻则延误时间,影响使用,重则危及安全。由于产品存在发生维修差错的可能性而造成重大事故者屡见不鲜。如某型舰船的燃油箱加油盖,由于其结构存在着发生油滤未放平、卡圈未装好、口盖未拧紧等维修差错的可能性,曾因此而发生过数起机毁人亡的严重事故。因此,防止维修差错就要从结构上采取措施消除发生差错的可能性。也就是说,在结构上只允许装对了才能装得上;装错了或装反了,就装不上,或者发生差错,就能立即发觉并纠正。

识别标记,就是在维修的零部件、备品、专用工具、测试器材等上面做出识别记号,以便于区别辨认,防止混乱,避免因差错而发生事故,同时也可以提高工效。

防止差错和识别标志的设计准则如下:

(1)设计产品时,外形相近而功能不同的零件、重要连接部件和安装时容易发生差错的零部件,应从结构上加以区别或有明显的识别标记。例如,只允许一个方向插入的插头或元器件,可采取加定位销,使各插脚粗细不一或不对称等办法,防止插错。

(2)产品上应有必要的防止差错、提高维修效率的标记:

① 产品上与其他有关设备连接的接头、插头和检测点均应标明名称或用途及必要的数据等。

② 需要进行保养的部位应设置永久性标记,必要时应设置标牌。如注油嘴、孔应用与底色不同的红色或灰色显示。

③ 对可能发生操作差错的装置应有操作顺序号码等标记。

④ 对间隙较小、周围设备或机件较多且安装定位困难的组合件、零部件等应有安装位置的标记(如刻线、箭头等)。

⑤ 标记应根据产品的特点、使用维修的需要,按照有关标准的规定以文字、数据、颜色、形象图案、符号或数码等表示。标记在产品使用、存放和运输条件下都必须经久保存。

⑥ 标记的大小和位置要适当,鲜明醒目,容易看到和辨认。

8.2.5 维修安全性

维修安全性是指能避免维修人员伤亡或产品损坏的一种设计特性。根据国内外有关资料及长期的维修实践经验,为了保证维修安全,可采用以下设计准则:

1. 一般原则

(1)设计产品时,应保证储存、运输和维修时的安全。为此,要根据类似产品的使用维修经验和产品的结构特点,采用事故树等手段进行分析,并在结构上采取相应措施,从根本上防止储存、运输和维修中的事故。

(2)在可能发生危险的部位上,应提供醒目的标记、警告灯、声响警告等辅助预防手段。

(3)严重危及安全的部分应有自动防护措施。不要将损坏后容易发生严重后果的部分布局在易被损坏的(如外表)位置。

(4)凡与安装、操作、维修安全有关的地方,都应在技术文件资料中提出注意事项。

(5)对于盛装高压气体、弹簧、带有高电压等储有很大能量且维修时需要拆卸的装置,应设有备用释放能量的结构和安全可靠的拆装设备、工具,保证拆装安全。

2. 防机械损伤

(1)运行部件应有防护遮盖。对通向转动、摆动机件的通道口、盖板或机壳,应采取安全措施并做出警告标记。

(2)维修时肢体必须经过的通道、手孔等不得有尖锐边角。工作舱口的开口或护盖等的边缘都必须制成圆角或覆盖橡胶、纤维等防护物;舱口应有足够的宽度,便于人员进出或工作,以防损伤。

(3)维修时需要移动的重物,应有合适的提把或类似的装置;需要挪动但并不完全卸下的机件,挪动后应处于安全稳定的位置。通道口的铰链应安装在下方或设置支撑杆将其固定在开启位置,而不应用手托住。

3. 防电击

(1) 产品各部分的布局应能防止维修人员接近高压电。带有危险电压的电气系统的机壳、暴露部分均应接地。为使产品维修时能自动切断电源,可在通道门、盖板或机罩上设置联锁开关,打开通道门时,自动断开电源。

(2) 对于高压电路(包括阴极射线管能接触到的表面)与电容器,断电后 2s 内电压不能降到 36V 以下者,均应提供放电装置。

(3) 为防止超载过热而损坏器材或危及人员安全,电源总电路和支电路上一般应设置保险装置。

(4) 复杂的电气系统,应在便于操作的位置上设置紧急情况下断电、放电装置。

(5) 对电气电子设备、器材可能产生危害人员与设备的电磁辐射,应采用防护措施并达到国家安全标准。

4. 防火、防爆、防毒

(1) 设计产品时,应使维修人员不接近高温、有毒、放射性物质以及处于其他有危害的环境中。否则,应设防护装置。

(2) 产品上容易起火的部位,应安装有效的报警器和灭火设备。

(3) 对可能因静电或电磁辐射而引起失火或起爆的装置,应有静电消散或防电磁辐射措施。

5. 防核事故

(1) 设计核材料零部件时,应绝对保证其在装配、运输、储存、维修过程中的临界安全。

(2) 核部件的设计必须考虑在特殊环境中的安全,如防水、防油、防火等。

(3) 设计有核材料组成的部(组合)件时,应逐步做到以整体结构交付用户,以减少维修过程中放射性对人员的危害及增加不必要的设备。

(4) 设计核材料零部件时,必须考虑维修过程中对人员与环境的放射防护及安全问题。

8.2.6 检测诊断的准确、快速、简便性

产品检测诊断是否准确、快速、简便,对维修有重大影响。因此,在产品的研制初期就应考虑其诊断问题,包括检测方式、检测设备、测试点配置等一系列的问题,并与产品同步研制或选配、试验与评定。

8.2.7 贵重件的可修复性

可修复性是当零部件磨损、变形、耗损或其他形式失效后,可以对原件进行

修复,使之恢复原有功能的特性。实践证明,贵重件的修复,不仅可节省修理费用,而且对发挥产品的功能有着重要的作用。

为便于贵重件的修复,考虑下列原则:

(1)产品应尽量设计成能够通过简便、可靠的调整装置消除因磨损或漂移等原因引起的常见故障。

(2)对容易发生局部耗损的贵重件,应设计成可拆卸的组合件,例如将易损部位制成衬套、衬板,以便于局部修复或更换。

(3)需加工修复的零件,应设计成能保证其工艺基准不至于在工作中磨损或损坏。必要时可设计专门的修复基准。

(4)采用热加工修复的零件应有足够的刚度,防止修复时变形。需焊接及堆焊修复的零件,其所用材料应有良好的可焊性。

(5)对需要原件修复的零件尽量选用易于修理并满足供应的材料。若采用新材料或新工艺时,应充分考虑零部件的可修复性。

8.2.8 维修中人机工程要求

维修中人机工程是研究在维修中人的各种因素,包括生理因素、心理因素和人体的几何尺寸与装备的关系,以提高维修工作效率、减轻人员疲劳等方面的问题。有关的一般设计准则如下:

(1)设计产品时应按照使用和维修时人员所处的位置与使用工具的状态,并根据人体的量度,提供适当的操作空间,使维修人员处在比较合理的姿态,尽量避免以跪、卧、蹲、趴等容易疲劳或致伤的姿势进行操作。

(2)噪声不允许超过规定标准。如难以避免,对维修人员应有保护措施。

(3)对维修部位应提供适度的自然或人工的照明条件。

(4)应采取积极措施,减少振动,避免维修人员在超过标准规定的振动条件下工作。

(5)设计时,应考虑维修操作中举起、推拉、提起及转动时人的体力限度。

(6)设计时应考虑使维修人员的工作负荷和难度适当,以保证维修人员的持续工作能力、维修质量和效率。

8.2.9 不工作状态的维修性

一般情况下,考虑产品维修性时,主要是针对其工作状态而言的,即指产品在使用过程中,发生故障时方便修理的特性或为防止或延缓故障发生而采用的方便预防性维修的特性。但有很多装备在生产后并不立即使用,而在其使用前必须等待相当长的时间。装备使用前和两次使用之间,通常会处于一种没有工作(或不工作)的状态,它主要包括以下几种模式:储存状态、运输状态、战备警戒或其他不工作状态。实际上,不工作状态在武器装备寿命周期中可能占有相当大的比例。因此,装备的不工作状态下的可靠性、维修性、安全性等属性也应是设计者考虑的重要问题。

装备在处于不工作状态一段时间后投入使用时,不能带有影响功能的故障。在某些装备中,如导弹和弹药,不工作状态是一个特别值得关心的问题,因为这些装备的大部分时间处于不工作状态。例如,典型导弹装备的不工作时间可能是其工作时间的200万倍。虽然工作故障率可能要比不工作故障率高,但两种状态在时间上的显著差异,使得不工作状态成为可靠性与维修设计应考虑的首要问题。

不工作状态维修性设计准则除通用维修性设计准则包括的内容(如可达性、简单性、安全性等)外,重点应考虑减少和便于预防性维修的设计,尽量要求装备在不工作期间免除基层级的预防性维修,达到无维修储存,或使预防性维修的时间间隔足够长。

1. 无维修储存设计准则

所谓"无维修储存"设计,是将产品设计成在规定的储存期限内不用进行任何维修,而能保持其良好状态。其主要准则有:

(1)电子和机械产品的零部件或分系统均应100%老练、筛选和预处理。

(2)避免采用在储存期间可能发生致命性故障的元器件和材料,如电解电容、天然橡胶和矿物油等。

(3)气压装置中使用惰性气体,如氮气。

(4)在运输和储存期内,应有防护包装,避免产品直接暴露在运输和储存环境中,这些包装应具有防潮、防尘或减振作用。

(5)尽量不使用插头插座式的连接。

2. 便于不工作状态维修的准则

(1)产品包装应便于检测,最好能在不破坏包装的条件下检测;若必须破坏,应能在检测后恢复包装。

(2)当有可能存在湿气或灰尘侵入通道时,供外部测试用的机上测试点的数量应尽量减少。

(3)使用紧凑的结构,组合式印制电路板和密封的系统。

(4)使用不用进行现场调整的数字电子设备。

(5)尽量采用机内测试方案。

8.2.10 便于战场抢修的特性

武器装备效能的发挥主要表现在战场上。在战场环境中,这些装备一旦发生故障或损坏,必然会降低或丧失作战能力。为此,需采取必要的措施,即通过战场抢修尽快将其恢复到作战所需的必要功能状态。战场抢修较平时维修有较大的区别,主要表现在:

(1)时间紧迫。战场抢修主要是指"靠前抢修"。舰船装备在战损后2~6h内得不到恢复,则会极大地削弱其战斗力。由于舰船装备数量多,修理空间狭窄,允许修理时间短,战场抢修较平时修理困难。

(2)环境恶劣。战时环境中维修人员的心理压力比较大,维修中容易产生差错,如果没有平时严格训练,很难完成战场抢修任务。

(3)允许恢复状态的多样性。平时维修工作的目标是保持和恢复装备的规定状态,满足其战备要求。而战场抢修的目标是以最短的时间恢复基本功能,满足作战要求。因此,战场抢修允许将装备恢复到能够完成全部作战任务、能战斗应急或能自救等某一状态。

(4)战场抢修方法的灵活性。战场抢修可以采用一些临时性的修理方法,比如,黏接、捆绑、焊接、拆拼修理等。提高战场抢修能力除了进行战时维修保障的有效组织指挥外,最根本的解决办法就是赋予装备良好的便于战场抢修的特性。美军在20世纪80年代中后期首先提出这一特性,称之为"战斗恢复力"(combat resilience)并要求工程界研究,在研制过程中实现"战斗恢复力"要求。

"战斗恢复力"与维修性在设计要求上有许多共同之处,比如:可达性、标准化与互换性、防差错措施、人机工程等要求。但"战斗恢复力"更侧重于战时便于应急抢修的设计要求。这些设计准则可以归纳为以下几点:

(1)容许取消或推迟预防性维修的设计措施。在紧急的作战环境中,应取消或推迟平时的计划性(或预防性)维修工作,这项措施对设计提出了特定要求。首先,若取消计划性维修工作,不应出现安全性故障后果;其次推迟到什么程度,应在设计中予以说明。比如,通过设计报警器、指示尺等途径,告诉操作人员在什么程度下装备仍可安全使用;另外,采用并联(或多重)结构,提高可靠性等。

(2)便于人工替代。大型零部件在拆装时除了使用吊车或起重设备外,在设计上还允许使用人力和绳索等措施。对自动控制的装备,应考虑自动装置失灵时,人工操纵的可能性。

(3)便于截断、切换或跨接。这种措施集中体现在电气、电子、燃油和液压系统中,设计应考虑战损后可以临时截断(舍弃)、切换或跨接某些通路,使当时执行任务必需的局部功能可以继续下去。

(4)便于置代。置代不是互换,是为了战时修理的需要,用本来不能互换的产品去暂时替换损坏的产品,以便使装备恢复主要作战能力。比如:用较小功率的发动机代替大功率的发动机工作,可能使运行的速度和载重量下降,但起码还能应急使用。为了实现置代,这两种发动机的支座和外部接头应是一样的。

(5)便于临时配用。用黏接、矫正、捆绑等办法或利用在现场找到的物品来代替损坏的产品,使装备功能维持下去。为此,设计时应在满足功能要求的前提下放宽配合公差,降低定位精度,以适应这种抢修方法。

(6)应把非关键件安排在关键件的外部,以保护关键件不被碎片击中。

8.2.11　防静电放电损伤

随着装备性能的日益完善和自动化程度的提高,电子技术特别是微电子技术在装备中获得了广泛的应用。由于对电子产品提高功效,降低功耗和降低成本的要求,促使数字电路和模拟电路的尺寸不断缩小,密度不断增加。由此带来的薄氧化层、窄PN结、小几何尺寸等工艺将会明显降低器件对电压和电能的承受能力,静电放电损伤(ESD)问题就会变成装备故障的突出原因。此外,含有电火工品的装备,静电还可能导致电火工品自行发火或失效。因此,如何预防和减轻装备检测、维修及其他勤务处理中静电的危害,特别是对维修人员、装备安全的危害,变得越来越重要和紧迫。而预防和减轻这种危害,首先要从装备研制中采取措施。所以,静电损伤也是可靠性维修性必须考虑的问题。

选用对ESD有较高承受能力的器件。美军标DOD - STD - 1686《电子设备和元器件静电放电控制大纲》,按静电放电的灵敏度把器件分为四级,如表8 - 2所列。

表8 - 2　电子元器件抗静电级别

级别	对静电电压承受能力/kV
0 ~ 1	1 ~ 4
2	4 ~ 15
3	$N > 15$

减少ESD的重要设计原则是采用对ESD有较高承受能力的器件,即较高级别的器件,如3级尽量不用第1类器件;如果使用第2类器件,应设置保护电路。

8.3 常用件的维修性设计准则

各类装备中,常用大量的紧固件、润滑装置、轴承、密封件、接插件及各种电气元器件等。这些常用件的失效是导致产品故障最常见的原因。同时也是在产品的维修保养工作中,拆卸、安装或检测都要经常接触的零部件。长期维修实践说明,常用件的结构、选用及配置是否合适,对维修时间、费用和工效的影响极大。因此,应当给常用件的结构和应用提出明确的要求,以便指导产品设计,改善产品的维修性。

8.3.1 紧固件

紧固件是用于连接两个以上零件、组件或部件的常用件。任何产品几乎都有一定数量的紧固件。紧固件选配不当,将导致操作复杂、拖延维修时间或连接紧固不牢靠,甚至会引起故障或事故的发生。紧固件的维修性设计准则有以下几个方面。

1. 结构设计

(1)在维修中常需拆装的紧固件一般应能用手或通用工具拆装,尽量不用专用工具,如采用蝶形螺母、带扳杆或带扳手的扣锁等结构。

(2)凡需经常拆装的紧固件,应尽量采用快速解脱结构,如弹性的卡锁、断隔螺纹连接等。锁紧或松开快速解脱紧固件,通常旋转应少于一圈;旋入或卸出螺钉、螺栓、螺母等,应小于10圈。

(3)铰链、卡锁、门扣、快速解脱装置等尽量用螺栓或螺钉固定在机体上,一般不用铆钉,以便使这些装置失效后易于更换。

(4)宁用少量的大紧固件而不用大量的小紧固件,以缩短拆装时间。除对气体、液体的密封需要外,固定单一构件的紧固件数量应尽量少。

(5)紧固件一般不应与构件做成一个整体,以便于更换。

(6)通道盖板的紧固件应尽量采用快速开闭的结构,而不用螺钉、螺帽固定。

(7)锁紧装置要求结构简单,锁紧可靠,解脱和拆装方便。

2. 可达性设计

(1)安装紧固件处应有足够的操作工具的空间。操作时,紧固件彼此之间或与其他机件之间不互相干扰。

(2) 需要经常拆装而较难达到的部位,要求紧固件只用单手或一件工具就能操作。

(3) 紧固件安装孔的口部或其他容纳部位,应有合适的形状和尺寸,以便对准安装。

3. 标准化设计

应尽量采用标准紧固件。产品中选用紧固件品种数、大小及扭矩值、使用工具的品种数等应减少到最低限度,从而使维修备件、工具尽量简化。

4. 防差错和识别标记设计

(1) 维修时要经常分解的外部紧固件或特殊的紧固件应有适当的标记,如色彩、箭头及文字等。

(2) 左旋螺纹和特殊紧固件"松-紧"的方向应有标记,防止操作错误。

5. 安全性设计

(1) 紧固件所处位置对人员、线路等不应构成危害,应尽量避免紧固件突出于构件表面或位于拐角处。

(2) 紧固件应能防腐蚀,其主要要求是:应根据需要进行表面处理;固定铝合金零件不用铝合金螺钉;不可采用能引起电化学腐蚀的紧固件;垫片不能对紧固件及结构材料造成腐蚀与损伤;高温紧固件应以镀层防止氧化、烧蚀。

8.3.2 润滑装置

润滑不良将加剧机体的磨损、锈蚀,以至造成产品的故障。同时润滑又要消耗人力物力,设计时应从结构上通盘考虑系统的润滑措施。润滑装置的维修性设计考虑如下:

1. 结构设计

(1) 尽可能采用不需添加润滑剂的装置,以减少维护保养作业,尤其是那些受强烈冲击、振动负载而又不便加注润滑剂的机构。

(2) 若必须添加润滑剂,应尽可能在产品内部设置集中加注的装置,以缩短保养时间。如在机件结构可能时,将它们集中于一处设置润滑油箱或油杯,再自动供给各机件。

(3) 用注油嘴(孔)加注的机构,应设置储油区(杯、槽、绳等),以减少加注次数。

(4) 油箱在被污染后或翻修时应能彻底清洗,并且能进行内部检验和全面修理。油箱内应设有储油槽,以收集冷凝物及沉淀物。

(5) 不应采用暴露无堵塞的注油孔,以防止污物侵入。注油嘴口盖处应保证不积水和便于擦拭尘土。

2. 可达性设计

(1) 要求所有注油嘴(孔)可见、易达。否则,须用油路(通路)引到可达部位,以便加注润滑剂。

(2) 加油口的位置应保证在正常条件下不使用专用漏斗就能完成加注工作。

3. 标准化设计

(1) 尽可能采用市场上易于采购的润滑剂和注油嘴,并使其品种数量减到最小限度。

(2) 要采用标准的注油工具、滤油器等。

4. 防差错措施和识别标记设计

(1) 产品上的所有润滑点都应有明显的标记、颜色。

(2) 应提供润滑图表,写明各个润滑点,加注润滑剂种类、时间间隔、润滑方法与注意事项等。

5. 安全性设计

(1) 尽量不使注油嘴成为产品的凸起部,以免妨碍操作和安全。

(2) 设计时应考虑在日常勤务中,不至于把加注润滑剂的入口部位或注油嘴当作踏脚或当作把手使用,以防损坏或部件落下伤人。

(3) 产品运转中需要加注润滑剂的部位,应有安全防护装置。

8.3.3 轴承

轴承是机械、机电设备中占有重要地位的组合件,机械设备的寿命受轴承寿命的限制往往比其他零部件更大。而轴承的维修和更换所占设备维修费用的比例很大,且维修和更换又费时费力。因此,在设计产品时,应根据具体位置和特点合理选用轴承,这是产品维修性设计应考虑的问题之一。产品维修性对轴承应用的具体要求如下:

1. 选用要求

(1) 应尽量采用滚动轴承,需要调整的部位可使用圆锥滚子轴承。除特殊要求外,应尽量少用滑动轴承;若需采用时,应采取润滑措施。

(2) 应尽量采用无须加注润滑剂的轴承。在不宜采用此种轴承的部位,可采用不完全润滑轴承,并设注油嘴和防污染的密封。

(3) 在空间小、负荷高的部位,可采用密封轴承,并提供在必要时添加润滑剂的措施。

2. 密封要求

(1)对于具有伸缩、旋转及滑动的各种轴的轴承面,为保存润滑剂必须采取密封。

(2)密封的设计应使其更换简单。

(3)端面密封应尽量采用弹力或强制接触的结构。

(4)若采用二重、三重密封时,其中每一重均应能单独达到密封要求。

(5)密封不致被过大的内压破坏在可能出现过大内压的部位,须设置安全阀及油槽回路。

3. 可达性要求

(1)产品的结构和布局,应使轴承便于拆装和检查。

(2)安装重要轴承的部位,应预留位置,以便安装传感器对轴承检测和监控。

8.3.4 密封件

密封件是产品中广泛应用的常用件。不论是液体、气体的防泄漏,还是电子器材的防潮防尘及光学仪器镜片的防霉防雾等,都需要密封。密封是维修的难点之一,正确设计和选配密封件十分重要。产品维修性对密封件应用的具体要求如下:

(1)设计时应优先采用标准化的成套密封件。

(2)接触各种油液的密封件,在油液系统的整个循环温度范围内应不起泡、起皱、变质或产生其他妨碍正常工作的现象。

(3)为获得经济而有效的密封,设计时应使机械的凸缘构型和紧塞垫材料相匹配。无论压力怎样变化,密封件应能与结构件完全贴合。密封件对金属的腐蚀度应在允许的范围内。

(4)密封件可采用分片联结方式,密封件上的螺孔应有安装调整的余量。

(5)密封件要薄,即应采用足以保证全面贴合并能达到密封可靠的最小厚度。

(6)外形相近而性能不同的密封件应有指明正确安装位置的标记。

(7)安装密封件的构件应有易于压入的导引部,以减少安装困难或挤坏密封件。

(8)为避免密封件过度摩擦和温度升高而迅速磨损,只要许可,装配时就应涂上润滑剂,并在工作时不断补充。

8.3.5 接插件

接插件是电器连接的重要件。当其设计或选配应用得当时,连接牢固、操作便捷、安全可靠,有利于产品的拆装、检测和维修;但选用不当也容易带来各种问题,影响产品的可靠性和维修性。接插件的维修性设计考虑如下:

1. 采用接插件的场合

(1)电气和电子产品的各分系统、各部件相互之间的连接应优先采用接插件,以便于拆装与检测。

(2)在野外(或某些野战作业)条件下需要更换的电气、电子设备中的模件或分部件必须采用接插件,不允许采用直接焊接的形式,以减少维修时间和降低复杂程度。

2. 结构的维修性设计

(1)优先采用徒手操作能快速解脱的或只需旋转不满一圈就能解脱的接插件;其次选用以通用工具操作能快速解脱的接插件,尽量不用旋转多圈或需用专用工具操作的接插件。

(2)尽量采用少量的多芯插头,接插和解脱快速而又不易发生差错。

(3)为防松脱应尽量采用自锁式结构,而不用金属丝系结,使接插方便快速。

(4)必须选用有定向的接插件,并用伸长的导向环防止损坏插脚。

3. 可达性设计

(1)接插件所在位置要便于操作及维修,在野外条件下使用的插座之间的间隔应能满足戴上御寒连指手套操作的需要。

(2)插头接近或撤离插座过程中应有方便的通道,特别在需要绕过某些装置或穿过隔板的场合,应操作方便,且不使电缆过多弯折。

4. 标准化设计

接插件应尽量选用标准件,且其品种要尽量少。

5. 防差错措施与识别标记设计

(1)应通过采用不同外形、插脚、定位销以及编号、图形、色彩标记等措施,使各个插头只能按规定方向、位置插入与之相匹配的插座,而不会发生错乱。

(2)经常拆装的电缆接头应根据需要标明去向、电流、电源的额定值等。

(3)电源上的插座应分别标明其用途,以防错接而伤人或损坏设备。

6. 安全性设计

除遵守一般电器连接的安全要求外,还应注意以下几点:

(1)为防止电源与其他物体接触而造成短路,可采用带护套(筒)的插头。

(2)插件要有足够的强度,以保证接触可靠、经久耐用。

(3)对涉及安全且维修期间需要卸下的部分,应保证连接该部分与主机之间的电缆因意外因素而被拉断之前,插头与插座能自行拉脱,避免因操作失误拉断电缆引起短路、电击等严重后果。

(4)插头与插座应安装在不易碰撞的部位或尽量不突出机件表面。

8.3.6 电器元部件

常用的电器元部件很多,下面介绍几种常见的元部件应用的维修性设计考虑。

1. 印制电路板

(1)一块印制电路板应是一个相对独立的功能单元,以便于隔离和排除故障。

(2)印制电路板插件应插拔方便,接触可靠。

(3)为方便印制电路板的检测、维修,应配置板与板插件之间的转接线。

(4)组合设计时,印制电路板之间以及与其他组件之间应留有一定的空间。

2. 晶体元件

(1)选用的晶体元件应为无维修设计产品。

(2)应使晶体座设置在方便晶体安装的位置,能用手快速拆装。

3. 继电器、磁力启动器

(1)用于大电流电路的继电器、磁力启动器的触点应便于清洁、维护。

(2)继电器、磁力启动器的标称阻值、简单线路图、触点编码应标注在本体上。

(3)小型继电器应采用插入式。

4. 熔断器(保险丝)

(1)熔断器应安装在平面板上,更换时不必卸去其他部分。

(2)各熔断器应组合在快速可达的集中部位上。

(3)熔断器座旁应标有额定电流值和作用。必要时应设置熔断指示,以便快速判断熔断器是否失效。

5. 电机

(1)电机轴承应便于拆装清洗和加油。

(2)电刷组合件应有最佳换向位置的标志,并便于维护。

(3)电机应有备用的电刷。备用的电刷与换向器或滑环的贴合面积应符合要求。

(4)电机应有接线的标志,对规定旋转方向的电机应有旋转方向标志。

8.4 维修性设计准则的应用示例

维修性设计准则的制定有一个逐步完善、细化的过程。在方案设计开始前,应颁发供方案选择、确定、总体布局时应遵循的较简化的设计准则;在详细设计前,应颁发供详细设计时遵循的细化设计准则(可按分系统、设备等分别编写)。并同时颁发"实施规则",以便于检查落实。

维修性设计准则是根据维修性的理论、方法并总结前人的设计、生产、使用的经验教训,经归纳、提炼而成的。因此必须由总师系统组织可靠性专业人员和有经验的产品设计人员共同制定,经反复征求意见,完善、修改后再正式颁发。

应强制贯彻执行。每个设计人员在完成产品设计的同时,写出关于维修性设计准则的符合性报告。在该报告中应逐条对照设计准则写出设计时所采取的相应措施及其落实情况。

除了通用的设计准则,还应根据所设计装备选择不同的准则,形成具体装备的设计准则。维修性设计准则一旦确定,就应严格按准则的要求进行设计。

某船用柴油机系统与刹车装置维修性设计准则示例如下:

1. 柴油机

(1)应采用可更换的气缸衬套或允许重搪气缸,更换或重搪气缸应简便可行。

(2)曲轴轴承应采用精密型的。

(3)曲轴箱油槽应容易卸下。

(4)空气滤清器应容易取下,便于清洗。

(5)风扇和其他驱动皮带应设计得容易够到,便于调整和更换。

2. 供油与液压装置

(1)油箱上应有适当的通气孔,以便于快速注油。

(2)供油泵应特别容易修理,可能时,应设置备用的供油系统。

(3)滤油器应容易取出和清洗。

(4)汽化器进气管应容易卸下。

(5) 所有的泄放开关关闭时,其手柄应在下方位置,并加识别标记。

(6) 液压系统中经常解脱的接头应采用快速解脱接头。

(7) 液压气动系统内应加识别标记。

(8) 燃油系统的设计应尽可能使所有的管道从油箱直升到使用部分,如汽化器、燃烧室等,以避免在管道低凹处积水和冻结而阻碍流通。

3. 刹车

(1) 刹车的设计应尽可能简单。

(2) 刹车部分的所有零件——制动鼓、制动盘、闸瓦、制动缸、支撑板和制动箱以及各机构零件——应能方便迅速地分解、更换、更新和适当地加以修理。

(3) 刹车应不必卸去任何部分就能调整。

(4) 调整和保养刹车时无须使用专用工具。

(5) 刹车调整的方向和有关说明应标识在装备上。

(6) 设置闸衬磨损的观察孔,孔上应附有盖板。

(7) 制动鼓与制动盘应有足够厚度,以便修复时重新刮削。

(8) 应使刹车的有关操作迅速可达,不得要求维修人员进行看不到的操作。

(9) 尽量采用自动调整刹车松紧的自调整刹车结构,但这种结构应保证足够的可靠性。

8.5 维修性设计准则符合性检查

维修性设计准则符合性检查,即定性分析每一条维修性设计准则的贯彻情况,并统计符合要求的维修性设计准则条目占准则总数的百分比。维修性设计准则符合性定性分析与检查表一般应在设计准则制定后开始制订,并随设计准则的完善而修订,它主要供系统工程师和订购方及有关设计人员在寿命周期各个阶段,特别是设计阶段进行评审。维修性检查项目表一般应列在维修性设计准则之后,成为设计指导文件的一个组成部分。

检查和评审设计准则落实情况的最好方法是使用维修性设计准则符合性定性分析与检查表(核对表)逐项进行核对,对不能满足要求的项目应视情况重新设计。

某船用柴油机系统与刹车装置维修性设计准则符合性定性分析与检查如表8-3所列。

表8-3 维修性设计准则符合性定性分析与检查表

序号	设计准则条目	是否符合		判断依据（设计措施）	不符合条目的原因说明	处理措施及建议
		是	否			
				简化设计		
1	通过模块化、通用化、系列化设计手段,尽可能减少柴油机零部件的品种和数量	是		气缸单元采用模块化设计,所有零部件各缸通用,且适用于不同缸数整机;气阀摇臂机构进排气侧零件通用;增压系统排气管每缸1段,除用柴油机A1、B1外,各缸排气管独立、通用、可互换;动力单元各缸活塞部件、活塞环部件、连杆部件、平衡配重;电子管理系统采用模块化设计,兼顾发电机组及主机推进应用,可满足12、16、20缸柴油机控制要求,机载控制单元采用外形、接口一致的箱体,人机交互单元采用海军标准化硬件设备;辅助系统通过前端滑油模块集成自清滤器、滑油冷却器、离心滤器、调温阀等附件的安装和流动接口,大大减少了零件数量;高、低温水泵通用可互换;两台油冷器接口相同可互换;管路设计满足12、16、20缸柴油机系列化要求,可通用;附件选型满足发电和推进柴油机的需求,零件通用性好;高压油泵为组合形式,通过减小或扩展柱塞偶件等数量满足12、16、20缸柴油机系列化要求;共轨模块化设计,1轨供4缸,16缸机由4个轨承担蓄压;电控喷油器、限流阀的接口满足12、16、20缸柴油机通用要求;挺柱机构部件实现了模块化、通用化、系列化;凸轮轴、轴颈实现了通用化、系列化;机体自由端泵体、惰齿轮组件的端盖固定螺栓尽量采用同一规格,以便用同一规格扳手进行拧紧和拆卸;机体毛坯可通用主推进、发电机组;安装防爆阀和无防爆阀的曲轴箱盖板毛坯通用;主轴承盖和止推主轴承盖毛坯通用,燃油罩盖下侧板、端板毛坯通用		
2	简化产品功能	是		气缸单元主要零部件均无不必要的功能;电控喷油器、限流阀、高压油管已经通过单缸机1000h耐久考核;电子管理系统各项功能均按照设计要求规定进行设计,软件无多余代码		

续表

序号	设计准则条目	是否符合		判断依据（设计措施）	不符合条目的原因说明	处理措施及建议
		是	否			
3	对相同或相似功能进行合并	是		将缸盖垫片压紧和进排气法兰面压紧功能合并,共同通过气缸盖螺栓预紧力实现;增压系统公共进气箱集成高温水出水总管;共轨系统进油管接头中设置缝隙滤器;油底壳接分离机接口,可用作拆卸式的抽污油口;电子管理系统软件大量采用可复用代码,减小代码量		
4	柴油机的设计要与用户的操作使用相协调	是		气缸单元设计要求是在充分调研客户需求基础上制定的,并严格按设计要求开展的,有针对性地进行了耐冲击、低噪声、低振动等适应性设计;电子管理系统人机交互单元采用海军标准化硬件,在实际应用的基础上开展软硬件设计,机旁监控界面根据与用户沟通结果进行设计;电控喷油器、高压油泵、共轨、分配块及高压油管的布置充分考虑用户的操作空间		
5	尽力改进维修的可达性,方便舰员维修	是		所有螺栓均便于拆装,定位销根据V形机特点位于便于观察的维护侧,较重的零部件均布置有起吊孔;增压系统排气管位于整机两侧,进气管及空冷器等增压系统其余零部件均方便可达;动力单元需在机内拆装的零部件为连杆盖,拆装连杆盖时,可通过盘车实现维修可达性,维修方便;电子管理系统的机载控制单元布置在柴油机增压器上方的支架上,并采用线束设计,安装、维修十分方便;电控喷油器、高压油泵、共轨、分配块的布置充分考虑了维修方便;凸轮轴部件通过打开凸轮箱门孔盖板即可查看及维修;机体裙部宽度和曲轴箱检视孔形状设计能满足连杆大端盖和主轴承盖的装拆可达性,机体凸轮轴箱检视孔形状设计能满足凸轮轴的装拆可达性;机体齿轮箱检视孔形状设计能满足凸轮轴的装拆可达性		

第8章 舰船装备维修性设计准则及符合性检查

续表

序号	设计准则条目	是否符合 是	是否符合 否	判断依据（设计措施）	不符合条目的原因说明	处理措施及建议
6	可采用易于重复装配方便的结构、简便的诊断技术等方法，便于现场维修	是		气缸单元布置有检漏孔，便于检测水、气泄漏；增压系统排气管连接采用卡箍结构，易于拆装；动力单元可整体吊装，维修方便；电子管理系统的机载控制单元的线束采用国军标航插，所有紧固螺钉采用统一标准规格；异常泄漏回油分段分隔便于异常泄漏点的定位；共轨、分配块设置定位销与机体定位；高压油泵设置止口与机体定位		
				可达性		
7	在进行柴油机总体结构布置时，要充分考虑舰员维护保养和维修的可行性、便利性，统筹安排、合理布局。故障率高、维修空间需求大的部件尽量安排在系统的外部或容易接近的部位	是		气缸单元主要零部件均按尽量便于接近的原则设计，对需经常检查的气阀间隙，只需拆掉缸盖罩盖即可检测。示功阀布置在缸盖上部，便于爆压表的拆装；增压器位于前端外面，排气管在机体两侧便于维修；动力单元可整体吊装，维修方便；辅助系统泵、滤器、冷却器等附件均布置在前端靠近外侧，周围预留足够的拆装维护空间，且零件之间拆装独立性好，节省了维护时间；共轨系统缝隙滤器结构设置在进油管接头内部；电控喷油器、高压油泵、共轨、分配块布置充分考虑用户的操作空间和维修方便；A、B两列凸轮轴、滚轮挺柱机构分别布置在柴油机两侧，易接近、维修便利可行		
8	易损件和需要经常维护保养的零部件的拆装要简便，拆装零部件进出的路线最好是直接或平缓的曲线，高度要考虑舰员的身高，尽可能布置在曲轴中心线以上、气缸盖罩上平面以下	是		气缸单元主要零部件均按尽量便于拆装的原则设计，对需经常检查的气阀间隙，只需拆掉缸盖罩盖即可检测。示功阀布置在缸盖上部，便于拆装。气缸单元的拆装已充分考虑了V形机吊缸路线是斜线的特点，专门设计了专门的吊缸工装；进排气管路布置在整机两侧及外部，容易更换密封垫片、卡箍等易损件；高压共轨系统各部件总成采用模块设计便于整体更换；电控喷油器、高压油泵、共轨、分配块、限流阀、限压阀整体更换方便		

143

续表

序号	设计准则条目	是否符合 是	是否符合 否	判断依据（设计措施）	不符合条目的原因说明	处理措施及建议
9	柴油机日常检查点、测试点、检查窗、润滑点、加油口及燃油、滑油、冷却等系统的维修点，应尽可能布置在柴油机的自由端或者便于接近的位置	是		示功阀、检漏孔等检查点、测试点均布置在便于接近的位置；电子管理系统中人机交互单元有故障报警及故障信息显示功能，人机交互单元可以根据船舱总体要求合理布置；辅助系统滑油取样点布置在自由端滑油模块上，靠近外侧，方便操作；高压油管接头最大程度采用相同规格；高压燃油的异常泄漏检查方便；油底壳手动注油口、油标尺位于A侧曲轴箱检视孔盖板上，便于滑油的添加；泵压注油口、备用滑油泵接口、分离机接口位于油底壳自由端；凸轮轴－滚轮挺柱相关主要摩擦副检查窗口布置在柴油机侧面，易操作		
10	在进行总体布置设计时，要做到检查或维修任一零部件时，尽量不拆卸或少拆卸其他零部件	是		气缸单元已按此原则设计，气缸盖、进排气法兰面均采用通过缸盖螺栓压紧，大补偿量密封圈密封结构，尽可能地减少了需拆卸的零部件；增压系统各零部件拆装方便；动力单元拆装时不影响相邻缸；电子管理系统布置不需要拆卸其他零部件；机带泵、滤器、油冷器等附件无须拆卸其他零部件；高压共轨系统中一般性连接螺栓采用标准件；电控喷油器、高压油泵、共轨、分配块及高压油管布置充分考虑用户的操作空间和维修方便；凸轮轴系为分段设计，方便分段单独拆装维修		
11	对于需要维修或故障率较高的零部件，其周围要有足够的空间，以便进行拆装	是		气缸单元吊缸有足够的拆装操作空间；进排气管路布置在整机两侧及外部，具有足够的维修更换空间；维修机带泵、滤器、油冷器等附件周围有足够空间，便于拆装；共轨系统密封垫片采用成熟的零件；电控喷油器、高压油泵、共轨周围空间足够；固定件中需要维护的盖板密封圈、曲轴箱防爆阀、油雾探测器都处于柴油机外表面，操作空间足够，可直接拆装		

续表

序号	设计准则条目	是否符合 是	是否符合 否	判断依据（设计措施）	不符合条目的原因说明	处理措施及建议
				标准化、互换性、模块化		
12	标准化可以减少元器件与零部件、工具的种类、型号与式样，有利于生产、供应、维修和保障。X01柴油机的标准化设计应遵循《X01柴油机标准化大纲》要求	是		设计中零部件已尽量选用标准件和标准材料；除柴油机A1、B1外，各缸排气管采用模块化设计，零件种类和数量少；电子管理系统中机载控制单元箱体统一规格、螺钉统一规格；人机交互单元采用海军标准化硬件设计；电控喷油器的定位销采用相同的规格；凸轮轴箱盖板、燃油罩盖分别通用；所有主轴承螺栓、缸盖螺栓分别通用，横向螺栓共分两种规格，分别通用。安装防爆阀和无防爆阀的曲轴箱盖板毛坯通用；主轴承盖和止推主轴承毛坯通用，燃油罩盖下侧板、端板毛坯通用；动力单元零部件尽量采用标准化设计，其总件数标准化系数为99%，总种数标准化系数为89.5%；辅助系统的标准化率满足总体要求；配气传动系统零部件设计时遵循标准化大纲要求，并且符合标准化指标要求		
13	互换性是指产品间在实体上（几何形状、尺寸）、功能上能够相互替换的设计特性。X01柴油机在维修性设计时，要考虑系列化柴油机之间的互换性、通用性；要考虑未来变型设计时，产品之间的互换性和通用性，提高可靠性，减少	是		气缸单元采用模块化设计，所有零部件各缸可互换，且适用于不同缸数整机；气阀摇臂机构进排气侧零件可互换；各缸排气管卡箍、波纹管及密封垫片等完全互换。除柴油机A1、B1外，各缸排气管采用模块化设计，可完全互换；各缸活塞部件、活塞环部件、连杆部件、平衡配重可互换；电子管理系统中人机交互单元采用海军标准化硬件设计；高温水泵和低温水泵结构一致，可以通用；不同缸数的发动机，其淡水泵、海水泵可通过更换叶轮实现，滑油泵安装接口一致；推进用途和发电用途的发动机，其泵、冷却器、滤器等附件型号相同；共轨系统不同工厂生产的相同型号零部件的生产图纸相同，验收标准相同；12缸、16缸、20缸柴油机的电控喷油器、限流阀外形接口通用；挺柱机构部件实现了系列化柴油机之间的互换性、通用性；		

续表

序号	设计准则条目	是否符合 是	是否符合 否	判断依据（设计措施）	不符合条目的原因说明	处理措施及建议
				标准化、互换性、模块化		
13	维修作业量以及备品备件数量，提高维修性水平	是		凸轮轴中间轴颈为通用零件，可以互换使用；凸轮轴、轴颈系列化设计时，除了涉及发火相位的结构因素外（定位销位置、标识号等），其他结构均可通用（全部毛坯可通用）；齿轮的设计考虑了不同机型（16V、20V）以及不同燃油系统（共轨与单体泵）的通用性；主轴承螺栓、横向螺栓、强力螺母、机脚、前端罩盖、后端油封、盖板、呼吸器和防爆阀等零件具有互换性。固定件系统同时适用于推进主机、发电机组		
14	模块化是指产品设计为可单独分离的，具有相对独立功能的结构体，以便于供应、安装、使用、维护等。在X01柴油机设计中，应充分采用模块化设计方法，对气缸单元、增压系统、燃油系统等进行模块化设计，实现部件互换通用、快速更换修理的目标	是		气缸单元采用模块化设计，所有零部件各缸通用，且适用于不同缸数整机；除推进用柴油机A1、B1外，其余各缸排气管独立、通用，不影响动力单元模块化拆装维护；系列化机型进气箱模具部分通用；采用模块化动力单元，方便拆装；电子管理系统根据被控子系统的功能进行了模块化设计，如喷射控制单元仅控制柴油机转速和高压共轨系统；高压油泵、电控喷油器、共轨、高压油管、限流阀、限压阀都能整体更换；挺柱机构部件模块化设计，整机上每缸可通用，且系列化机型上也可通用		

146

续表

序号	设计准则条目	是否符合 是	是否符合 否	判断依据（设计措施）	不符合条目的原因说明	处理措施及建议
				防差错设计		
15	设计时,外形相近而功能不同的零件、重要连接部件和安装时容易发生差错的零部件,应从结构上进行防差错设计或有明显的识别标志	是		进排气阀大小及密封锥角不同,且有明显的识别标记;进排气阀弹簧线径不同,且有明显的识别标记;波纹管上有气流方向标识,防止安装出差;活塞环有安装标记;连杆盖安装通过定位销防止装反;连杆上、下轴瓦的定位唇位置不同,防止装反;电子管理系统航插采用不同键位方式进行防呆设计,并各航插均设置标牌;电控喷油器中的定位销采用不对称结构;凸轮轴轴颈上有定位销的安装标识,以免定位销位置安装错误;凸轮轴、轴颈上均有安装相位标识,用于安装完凸轮轴后检查安装相位是否正确;主轴承盖和齿轮箱顶板左右对称,设有定位销,可防止装反;两台滑油冷却器通过定位螺钉防止装反。前端滑油喷嘴通过不同的螺栓间距,防止装反		
16	柴油机上应有必要的防差错、提高维修效率的标志,如危险任务的标识、提示性或警告性信息等	是		将根据最终的设计结果,以及柴油机的实际情况,在高温、有毒的地方增加相应的标识;对于容易误装的零部件进行安装方向和角度的标识指示		
				贵重件可修复性设计		
17	对于机体、曲轴等贵重零部件,在设计中应尽量采用简便、可靠的调整装置、维修方式,来消除(或暂缓)因磨损引起的常见故障	是		气缸盖通过安装进排气阀座、弹簧座的形式,消除或缓解因磨损带来的常见故障;气阀摇臂结构通过调节螺钉消除和补充磨损;曲轴可通过轴颈修磨的方式修复		

续表

序号	设计准则条目	是否符合 是	是否符合 否	判断依据（设计措施）	不符合条目的原因说明	处理措施及建议
18	对需要修复的贵重零部件尽量选用易于修理并满足供应的材料和成熟的工艺	是		气缸盖部件可通过更换过度磨损的零部件而继续使用，更换零部件如气阀导管、阀座均采用常用材料和成熟工艺制造；曲轴采用成熟材料		
19	对需加工修复的贵重零件，应设计成能保证其工艺基准不致在工作中磨损或损坏	是		气缸盖阀座孔、气阀导管孔等工艺基准均不是摩擦副表面，在工作中均不会磨损或损坏		
防静电放电损伤						
20	应选用对静电放电（ESD）有较高承受能力的器件	是		电子管理系统电路接口采用 TVS 防护		
21	对于维修人员应提供静电放电程序和注意事项，防止发生防静电放电损伤		否		不适用	
22	在维修、检查或试验静电敏感零部件的所有区域应设置静电放电防护措施、标识		否		不适用	
符合的准则条目总数				符合要求的条目数占准则总条数的百分比		

第9章 舰船装备维修性验证与评价

9.1 舰船维修性验证与评价的目的

为了验证舰船装备维修性水平是否满足规定的维修性要求,需要以实际使用及其场景为基础,在实际或接近实际的典型环境条件下,对舰船装备进行验证与评价,以判定舰船装备的实际维修性水平。

维修性验证与评价的目的是考核舰船装备满足维修性要求的程度,将其作为舰船装备鉴定和验收过程中维修性是否合格的依据,同时发现和鉴别舰船装备的维修性设计缺陷,采取纠正措施,实现维修性增长。此外,在展开维修性验证与评价工作的同时,还可以对各种维修保障要素(如备件、工具、设备、技术资料等保障资源)进行评价。

装备研制过程中,制定了维修性设计准则,并对各分系统、装置的维修性进行了分配和预计,安排了设计评审。实施这些工作项目无疑在一定程度上保证了舰船装备维修性的实现,但不能直接证明舰船装备是否满足规定要求。因此,还需要对舰船装备在实际或虚拟使用条件(包括环境和保障资源条件)下进行验证与评价,以确定装备维修性的实际水平。然而受制于经费和研制周期,这种验证与评价基本不可能在完全真实的使用条件下,利用全样本要素,在整个寿命周期进行考核。因此目前通常在定性分析评估的基础上,采取统计试验的方法,用较少的样本量,用较短的时间和较少的费用,及时做出装备维修性是否符合要求的判定。通过验证与评价,为承制方改进设计使维修性进一步增长和订购方接收该装备提供决策依据。

9.2 维修性定性要求核查

维修性定性要求有承制方自查和订购方核查两种检查方式,两种检查方式的主要目的如下:

维修性核查的目的是检查与修正用于维修性分析的模型和数据,识别设计的缺陷并采取相应的纠正措施,实现维修性增长,促进舰船装备满足规定的维修性要求。维修性核查主要是承制方的一种研制活动与手段,其方法灵活多样,可以采取在产品实体模型、样机上进行维修作业演示,排除模拟(人为制造)的故障或实际故障,测定维修时间等试验方法。其试验样本量可以少一些,置信水平低一些,着重于发现缺陷、探寻改进维修性的途径。当然,若要求将正式的维修性验证与后期的维修性核查结合进行,则应按维修性验证的要求实施。

维修性定性要求核查的目的是根据有关维修性的相关标准及合同规定的维修性定性要求而确定的检查项目,制定定性要求核查表,开展现场勘验维修空间和维修可达性、进行维修操作或演示、检查图纸文件、进行调查问卷等复核维修性定性要求,确定装备是否满足维修性定性要求。

9.2.1 核查流程

维修性核查是指订购方在承制方配合下,为确定装备在实际使用、使用及保障条件下的维修性所进行的综合评价工作,通常在研制阶段末期进行。维修性定性要求核查流程包括:收集汇总维修性定性要求,确定检查项目,细化核查内容,制定核查表单,开展维修性定性要求核查,评价装备是否满足维修性定性要求。

维修性核查的对象是已使用的装备或与之等效的样机,需要核查的维修作业重点是在实际使用中经常遇到的维修工作,参加的维修人员也应是来自实际使用现场的人员,主要依靠使用维修中的数据,必要时可补充一些维修作业试验,以便对实际条件下的维修性定性要求满足情况做出科学评价。

1. 汇总维修性定性要求

以合同规定的维修性定性要求为基础,辅以国家标准、国家军用标准、行业标准等维修性相关要求,确定合理的舰船装备维修性定性要求。

2. 确定检查项目及核查内容

维修性定性要求核查的主要内容有:维修可达性、大型设备进出舱通道的合理性、检测诊断的方便性与快速性、零件的标准化与互换性、防差错措施与识别标记、工具操作空间和工作场地的维修安全性、人素工程要求等。由于装备的维修性与维修保障资源是相互联系、互为约束的,故在评定维修性的同时,需评定维修保障资源是否满足维修工作的需要,并分析维修作业程序的正确性;审查维修过程中维修人员的数量、素质的合理性,维修工具与测试设备、备品备件和技术文件的完备程度和适用性。

逐条转化为检查项目,根据实际情况细化生成核查内容。

3. 制定核查表单

根据检查项目和检查内容细化生成核查表单如表9-1所列,表单内容包括检查项目、核查内容、核查结果、核查判据和是否满足要求。

表9-1 维修性定性要求核查表(示例)

序号	检查项目	核查内容	合格判据	核查记录	是否合格
1	维修可达性	是否留有足够的维修空间开展维修	维修空间满足维修需要	…	…
2		维修牵连工程尽可能最少	…		
3		…			
4	互换性与标准化	…			
5					
6					

4. 维修性定性要求评价

开展维修性核查,综合评价维修性定性要求是否满足要求。

9.2.2 核查方法

1. 现场勘验法

现场检查测量维修空间是否满足,维修牵连性工程是否较少,人员维修活动空间是否合适,维修工具活动空间是否满足等。

2. 维修操作演示

梳理维修项目及维修内容,通过抽样的方式(一般不少于30个样本),现场开展维修操作,实际考察维修过程,记录维修步骤和维修时间,演示维修效果,确定舰船装备是否满足维修需求。

3. 检查图纸文件

检查舰船装备研制方编制的图纸图样和技术资料,核查维修空间和维修通道预留情况,检查维修车间、备品备件、维修工具、维修人员配置情况,确定是否满足维修性要求。

4. 进行调查问卷

设置调查问卷,将舰船装备维修性定性要求转化为使用体验,设定定性要求综合打分及格线,由使用方对维修性满足情况进行打分,记录维修性方面存在的问题,对分值进行综合平均,从使用角度判定维修性定性要求是否满足要求。

9.3 维修性定量指标验证

定量指标的评估是对装备的维修性指标进行验证。要求在自然故障或模拟故障的条件下,根据实验得到的数据,进行分析判定和估计,以确定其维修性是否达到指标要求。

由于核查、验证和评价的目的、进行的实际条件不同,应分别对上述内容有所取舍和侧重定性的评定要认真进行,定量的评定在验证时要全面、严格按合同规定的要求进行。核查和评价时则根据目的要求和环境条件适当进行。

为了提高试验的效率和节省试验经费,并确保试验结果的准确性,维修性试验与评价一般应与功能试验及可靠性试验结合起来进行,必要时也可单独进行。对于不同类型的装备或低层次的产品,其试验与评价的阶段划分则视具体情况而定。整个系统级的维修性与评价一般包括核查、验证与评价三个阶段。

图9-1给出了维修性验证与评价和全寿命周期各阶段的关系。

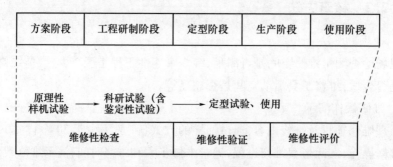

图9-1 维修性验证与评价和全寿命周期各阶段的关系

9.3.1 维修性统计试验与评价方法

1. 试验流程

采用试验的方式进行维修性评价无论是与功能、可靠性试验结合,还是单独进行,其工作的一般程序基本相同,都分为准备阶段和试验阶段。维修性统计试验方法流程如图9-2所示。

准备阶段包括:制订试验计划;选择试验方法;确定受试品;培训试验维修人员;准备试验环境和试验设备等资源。

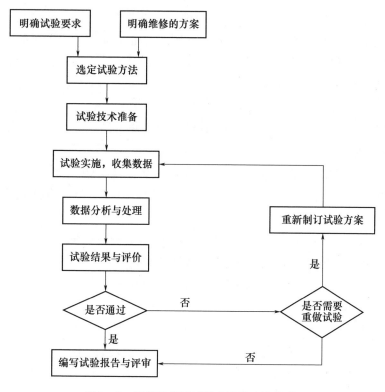

图 9-2　维修性统计试验方法的实施流程

试验阶段包括：确定试验样本量；选择与分配维修作业样本；故障的模拟与排除；预防性维修试验；收集、分析与处理维修试验数据和结果的评定；编写试验与评价报告等。

产品的维修性应当通过实际使用中的维修时间来进行考核、评定。然而这种考核评定又不可能都在完全真实的使用条件下来完成。因此，需要在研制过程中采用统计试验的方法，及时做出产品的维修性是否符合要求的判定，使承制方对其产品维修性"胸中有数"，使订购方能够决定是否接受该产品。

1) 确定受试品

维修性试验与评定所用的受试品，应直接利用定型机样或从提交的所有受试品中随机抽取，并进行单独试验。也可以同其他试验结合用同一样机进行试验。

为了减少延误时间，保证试验顺利进行，允许有主试品和备试品。但受试品的数量不宜太多，因维修性试验的特征量是维修时间，样本量是维修作业数，而不是受试品(产品)的数量,且它与受试品数量无明显的关系。当模拟故障时,在一个受试品上进行多次或多样维修作业就产生了多个样本,这和在多个受试品进行多次或多样维修作业具有同样的代表性。但对于同一个受试品也不宜多次重复同样的维修作业,否则会因多次拆卸使连接松弛,而丧失代表性。

2)明确产品的维修方案

对于修复性维修,维修方案主要涉及:

(1)在舰员级进行产品修复性维修的所有维修工作任务是否都能由舰员级维修机构执行。

(2)更换的级别,即更换的 LRU 是整机、设备还是组块、模块。

(3)进行修复的项目是单个可更换还是成组可更换,是采取整块更换还是逐一依次更换。

(4)对于成组可更换项目的更换,是采取整组还是逐一依次更换。

(5)相应维修级别上所具备的维修保障资源。

(6)维修人员的人数和他们的专业及技能水平。

3)明确试验要求和确认型号产品的技术状态

(1)明确试验要求。需要明确型号产品的 MTTR 指标是根据指标分配确定的,还是订购方在研制要求中专门提出的,如果该指标是由订购方专门提出的,还需明确规定承制方风险 α 和(或)订购方风险 β,具体数值由双方协商。

(2)确认技术状态。要确认产品的技术状态是否与计划交付的状态一致,一般包括:

① 组成:产品是由几个 LRU 组成,各个 LRU 之间的相互连接关系。

② 安装:LRU 在产品上的安装位置及其固定连接情况,有无专用的维修通道等。

③ 故障诊断方式:故障诊断是否采用 BIT,除了采用 BIT 外,是否还采用其他专用或通用的诊断设备。

④ 相关的可靠性设计参数:产品及其各组成 LRU 的故障率,该数据应是最新有效数据,即通过可靠性鉴定试验得到的结果,或最新的可靠性预计结果。

4)培训维修人员

参试人员的构成应该根据检查、验证和评价的不同要求分别确定。

维修性验证应按维修级别分别进行,参试人员应达到相应维修级别维修人员的中等技术水平。

选择和培训参加维修性验证的人员一般要注意以下几点:

(1) 应尽量选用单位的维修技术人员、技工和操作手,由承制方按试验计划要求进行短期培训,使其达到预期的工作能力,经考核合格后方能参试。

(2) 承制方的人员,经培训后可参加试验,但不宜单独编制,一般应和使用单位人员混组使用,以免因心理因素和熟练程度不同而造成实测维修时间的较大误差。

(3) 参试人员的数量,应根据该装备使用与维修人员的编制或维修计划中规定的人数严格确定。

5) 确定和准备试验环境和保障资源

维修性验证试验,应由具备装备实际使用条件的试验场所或试验基地进行,并按维修计划所规定的维修级别及维修环境条件分别准备好试验保障资源,包括实验室、检查设备、环境控制设备、专用仪器、运输与存储设备以及水、气、动力、照明、成套配件、附属品和工具等。

6) 维修试验

(1) 故障模拟与排除故障

一般采用人为方法进行故障的模拟。模拟故障应尽可能真实、接近自然过程,基层级维修以常见故障模式为主。参加试验的维修人员应在事先不了解所模拟故障的情况下去排除故障,但可能危害人员和产品安全的故障不得模拟(必要时应经过批准,并采取有效的防护措施)。

由经过训练的维修人员排除上述自然或模拟故障,并记录维修时间。完成故障检测、隔离、拆卸、换件或修复原件、安装、调试及检查等一系列维修活动,称为完成一次维修作业。

(2) 预防性维修试验。产品在验证试验间隔期间也有必要进行预防性维修,其频数和项目应按预防性维修大纲规定进行。为节省试验费用和时间可采取以下办法。

在验证试验的间隔时间内,按规定的频率和时间所进行的一般性维护(保养),应进行记录,供评定时使用。

在使用和储存期内,间隔时间较长的预防性维修,其维修频率和维修时间以及非维修的停机时间,亦应记录,以便验证评价预防性维修指标时作为原始数据使用。

7) 收集、分析与处理维修性数据

(1) 维修性数据的收集。收集试验数据是维修性试验中的一项关键性的重要工作。为此试验组织者需要建立数据收集系统。包括成立专门的数据资料管理组,制订各种试验表格和记录卡,并规定专职人员负责记录和收集维修性试验数据。此外,还应收集包括在功能试验、可靠性试验、使用试验等各种试验中的故障、维修与保障的原始数据,建立数据库供数据分析和处理时使用。

在验证与评价中需要收集的数据,应由试验项目决定。维修性试验的数据收集不仅为评定产品维修性,而且还要为维修工作的组织和管理(如维修人员配备、备件储存等)提供数据。

试验所积累的历次维修数据,可供该产品维修技术资料的汇编、修改和补充之用。

(2)维修性数据分析和处理。首先需要将拿到手的维修性数据加以鉴别区分,保留有用的、有效的数据,剔除无用的、无效的数据。原则上所有的直接维修停机时间,只要是记录准确有效的,都是有用的数据,供统计计算时使用。

将经过鉴别区分后有用的、有效的数据,按选定的试验方法进行统计计算和判决。需要时,可进行估计,统计计算的参数应与合同规定对应,判决是否满足规定的指标要求。但应注意在最后判决前还应该检查分析试验条件、计算机程序,特别是对一些接近规定要求的数据,更应该认真复查分析。数据收集、分析和处理的结果和试验中发生的重大问题及改进意见,均应写入试验报告,以使各有关单位了解试验结果,以便采取正确的决策。

8)试验结果的评价

(1)定性要求的评价。通过演示或试验,检查是否满足维修性与维修保障要求,做出结论。若不满足,则写明哪些方面存在问题、限期改正等要求。

维修性演示一般在实体模型、样机或产品上,演示项目为预计进场进行的维修活动。重点检查维修的可达性、安全性、快速性,以及维修的难度、配备的工具、设备、器材、资料等保障资源能否完成维修任务等,必要时可以测量演示的时间。

(2)定量要求的评价。根据统计计算和判决做出该装备是否满足维修性定量要求的结论。必要时可根据维修性参数估计值评定装备满足维修性定量要求的程度。

9)编写维修性试验与评价报告

在核查、验证或评价结束后,试验组织者应分别写出维修性试验与评定报告。如果维修性试验是同可靠性或其他试验结合进行,则在综合报告中应包含维修性试验与评定的内容。

10)试验与评价过程的组织和管理

产品的维修性核查由承制方组织,订购方参加,由双方组成试验领导小组。

维修性验证由订购方领导,承制方负责试验的准备工作,共同组成领导小组。当试验是由试验基地(场)承担时,则由试验场按规定组织实施。部队使用中的维修性评价,由订购方组织实施,承制方派员参加。

2. 维修时间的统计原则

维修时间统计准则是进行时间数据收集与分析的依据。制定维修时间统计准则是试验前准备工作的一项重要内容。维修时间统计准则应针对具体的产品类型制定,准则中应包括如下内容:明确维修时间中各项时间要素的定义;确定不应计入统计的时间项。下面以 MTTR 为例来介绍相关的内容。具体而言,试验产品 MTTR 指标维修时间统计准则一般有:

产品 MTTR 指标(舰员级)是从试验人员达到型号使用或维修所在地开始计算,当产品采取舰员级换件修复时,统计计算的是 LRU 在型号上进行准备、故障隔离、接近、拆卸与更新、重装、调准、检验等的时间。

应计入 MTTR 的各项时间要素定义如下:

(1)准备:在故障隔离前所完成的有关作业时间,如安装、调准、预热维修产品的时间,系统输入初始化参数的时间等,但不包括取得维修设备的时间。准备时间由 T_P 表示。

(2)故障隔离:把故障隔离到可更换项目所需的作业时间,如诊断程序加载的时间、运行和结果判明的时间、检查故障隔离征兆和按维修手册进行征兆定位判定故障项目的时间等。故障隔离时间用 T_{FI} 表示。

(3)接近:与到达故障隔离过程中所确定的可更换项目有关的时间,如打开维修口盖的时间、拆卸为接近可更换项目有关机件的时间等。接近时间用 T_D 表示。

(4)拆卸与更新:与拆卸并更新项目的时间,如断开接头、拆卸螺钉、去除有故障的可更新项目的时间,安装用来替换的良好项目的时间等,但不包括取得备件的时间。

(5)重装:在更换后重新组装恢复到分解前状态所花的时间。它是拆卸的逆过程所花费的时间。重新组装时间用 T_R 表示。

(6)调准:使更换后的项目达到规定的工作状态所花的时间。调准时间用 T_A 表示。

(7)检验:检验故障已被排除并正式产品恢复到故障前的运行状态所花的时间。检查时间用 T_{CO} 表示。

维修时间统计原则,除了明确不计算在内的内容以外,所有的维修停机时间,都应在统计计算之内。维修时间一般的统计原则如下:

维修时间的统计型号产品的 MTTR 是从维修人员到达产品所在地进行维修开始计算。当产品在基层级采取换件修复时,统计计算的是 LRU 在产品上进行准备、故障隔离、拆卸与更新、重装、调准、检验等时间。为了便于拆卸待修复 LRU,需打开其他维修口盖、拆卸其他 LRU 时,则打开其他维修口盖、拆卸其他 LRU 的时间应计入该 LRU 的 MTTR 内;当型号上没有 BIT 进行 LRU 的故障定位与隔离、该 LRU 的故障隔离是通过试凑法和经验确定时,其分析、确定故障的时间也应该计入 MTTR 中。

不应计入的维修时间的情况主要包含以下几种:

(1)未遵守维修技术手册和承制单位培训中规定的操作程序而造成维修和操作错误所花费的时间。

(2)排除因保障设备的安装、拆卸或操作导致的故障所耗去的修复时间。

(3)由受试品原发故障引起的从属故障,其修复时间应计入总的修复时间内,但从属故障如果是因为模拟故障引起时,耗费的时间不应计入。

(4)由于产品的设计不当,或者由于维修技术手册中操作程序不恰当,造成产品损伤或维修错误所花费的额外维修时间应计算在内,但当采取措施纠正设计缺陷或不恰当的操作程序后,原来多消耗的时间应予扣除。

(5)试验中采取从其他产品拆卸同型零部件来更换受试产品相应件的串件修复时,若备件(包括初始备件和后续备件)清单中有该件的备件,串件维修仅作为临时措施,则此拆卸与更换时间不应计入维修时间;若备件清单中没有该件的备件,则应计算在内,如果采取措施消除了这种串件修复时,则增算的时间应扣除。

(6)由于维修工具、资料、设备、备件等生产的延误时间不计入。

(7)BIT 虚警引起的维修时间不计入。

3. 试验方法的选择

选择试验方法时,应根据合同中要求的维修性参数、风险率、维修时间分布的假设以及试验经费和进度要求等诸多因素综合考虑,在保证满足不超过订购方风险的条件下,尽量选择样本数量小、试验时间短的方法。由订购方和承制方商定,或由承制方提出经订购方同意。

对于维修性定量指标的验证试验则属于统计试验,在 GJB 2072《维修性试验与评价》中规定了 11 种方法可供选择。选择时,应根据合同中要求的维修性参数、风险率、维修时间分布假设以及试验经费和进度要求等因素综合考虑,在保证满足不超过订购方风险的条件下,尽量选择样本量小、试验费用省、试验时间短的方法。这里需要指出的是,选择试验方法是为了给出具有一定可信度的评估数值,一般只针对需要判定定量指标是否满足的验证工作。对于一般性维修性检查,则无须严格按照此表格选择样本数量。

根据我国型号研制的实际情况,通常情况下:

(1)设备的维修性时间类指标(如 MTTR)试验方案可选定 GJB 2072《维修性试验与评定》中的试验方法 9。

(2)装备总体的时间类指标(如 MTTR)的试验,采取综合分析的方法,综合各类在现场进行维修的设备的 MTTR,进而获取型号总体 MTTR 试验量值。该类方法须根据具体的试验工作需求及条件确定,须经过订购方认可。

4. 试验样本量的确定

确定试验样本量可分为两步:首先确定需要开展试验的产品类型及数目,然后确定每个产品的试验样本。下面以 MTTR 为例来进行说明。

产品 MTTR 试验样本量的确定,一般应根据产品的复杂程度、需达到的试验目的等予以确定。所有的维修作业应按设定的维修级别完成。若在规定的条件下装备实施验证时,如果能保证在试验期间发生足够的维修作业次数,以满足所采用的试验方法中最小样本量的要求,则应优先采用自然故障,而不需进行故障模拟。

对于分系统、设备层次的产品,可根据 GJB 2072《维修性试验与评定》的要求,试验方法 9 所需维修作业工作内容样本量最少为 30;而对于型号总体的总样本数,则需根据主要的现场维修工作内容,试验所需的时限及费用等进行综合分析,选取对 MTTR 影响大的产品,确定所需试验的产品清单;对于型号比较复杂的组成系统,其试验样本的确定方法与型号总体的相类似。应注意,型号总体与其复杂的组成系统,其样本量不能按照 GJB 2072《维修性试验与评定》试验方法 9 要求选 30 为限,该数量是适用于简单的产品或设备。随着总体或复杂系统所需试验产品清单的长短,其样本量也应相应地调整,但其显然要远大于 30。例如:美空军在进行机载电子干扰吊舱(ECM)的 MTTR 试验时,因其设备较复杂(共有 627 个 SRU),确定的试验样本量为 60;美维斯丁豪斯电气公司在进行 F-16 战斗机的火控雷达维修性试验时,为了结合进行测试性的试验,确定的试验样本量为 150。

样本量的确定。维修性统计试验中要进行维修作业,每次维修作为一个样本。只有足够的样本,才能反映总体的维修性水平。如果样本量过小,会失去统计的意义,使订购方和承制方的风险都增大。样本量应按所选试验方法中的公式计算确定,可参考表 9-2 中所推荐的样本量。某些试验方案,在计算样本量时还应对维修时间分布的方差做出估计。

表9-2 不同维修性试验中推荐的样本量

编号	检验参数	分布假设	样本量	推荐样本量	作业选择
1-A	维修时间平均值的检验	对数正态,方差已知		不小于30	
1-B	维修时间平均值的检验	分布未知,方差已知		不小于30	
2	规定维修度的最大维修时间检验	对数正态		不小于30	自然故障或模拟故障
3-A	规定时间维修度的检验	对数正态			
3-B	规定时间维修度的检验	分布未知			
4	装备维修时间中值检验	对数正态	按不同试验方法确定	20	
5	每次运行应计入的维修停机时间检验	分布未知		50	自然故障
6	每飞行小时维修工时(M_1)的检验	分布未知		—	
7	地面电子系统的公示率	分布未知		不小于30	自然故障或模拟故障
8	维修时间平均值域最大修复时间的组合序贯试验	对数正态		—	自然故障或随机(序贯)抽样
9	维修时间平均值、最大修复时间的检验	分布未知,对数正态		不小于30	自然故障或模拟故障
10	最大维修时间和维修时间中值的检验	分布未知		不小于50	
11	预防性维修时间的专门试验	分布未知		—	

注:1.用于间接验证装备可用度A的一种试验方法;
2.检验平均值假设分布未知,检验最大修复时间假设为对数正态分布。

5. 维修作业样本的选择

为保证试验所作的统计决策(接受或拒绝)具有代表性,所选择的维修作业最好与实际使用中所进行的维修作业一致。对于修复性维修的试验,可用如下方法产生维修作业。

(1)自然故障所产生的维修作业。装备在功能试验、可靠性试验、维修性试验或其他试验及使用过程中发生故障,均可以看成是自然故障。一般来说,这种故障发生的多少、影响的程度是符合实际的,具有代表性。因此,由自然故障产生的维修作业,如果次数足以满足所采用的试验方法中的样本要求时,应该优先采用维修性试验样本。如果对于上述自然故障产生的维修作业在实施时是否符合试验条件要求,当时所记录的维修实际也可以作为维修性试验时的有效数据进行分析和判决。

(2)演示操作产生的维修作业。在实体模型、机样或产品上演示预计发生频率较高的检测、调校等操作。有重点地进行维修演示,可对拆卸减产时间、人体、观察及工具的可达性,操作的安全性和快速性,维修技术难度等进行判断。

(3)模拟故障产生的维修作业。当自然故障进行的维修作业次数不足时,可采用模拟故障对需要的维修作业次数补足。为了缩短试验时间,经订购方和承制方商定也可采用全部由模拟故障所进行的维修作业作为样本。

6. 维修作业样本量的分配

当采用自然故障所进行的维修作业次数满足规定的试验样本时,就不需要进行分配。当采取模拟故障时,在什么部位,排除什么故障,需合理地分配到各个相关的零部件上,以保证能验证整机的维修性。

预防性维修应按维修大纲规定的项目、工作类型及其间隔期确定试验样本。

当采取模拟故障时,在什么部位、排除什么故障,需合理地分配到各相关的零部件上,以保证检验整机的维修性。维修作业样本的分配属于统计抽样的应用范围,是以装备的复杂性、可靠性为基础的。如果采用固定样本试验法检验维修性指标,可按比例分层抽样法进行维修作业分配。如果采用可变样本量的序贯试验进行检验,则应采用按比例的简单随机抽样法。

维修作业样本分配的原则是,按照产品各组成 LRU 的相对故障发生频率将维修作业样本分配到各 LRU 至少有 1 个维修作业样本。以某舰用雷达为例,分别介绍按比例分层抽样的分配法的应用,其分配法的步骤见表 9-3。

表 9-3 维修作业样本分配法(示例)

产品名称: MTTR = 66.7h

构成	LRU	维修作业	故障率 λ_i	LRU 数量 Q_i	工作时间系数 T_i	$Q_i \cdot \lambda_i \cdot T_i$	C_{pi}	分配的样本量
天线	天线	R/R	27.6	1	1	27.6	0.188	6
发射机	发射机	R/R	19.0	1	1	19.0	0.130	4
接收机	接收机	R/R	17.5	1	1	17.5	0.119	4
共用数据处理机	共用数据处理机	R/R	13.3	1	1	13.3	0.091	3
数字信号处理机	数字信号处理机	R/R	9.5	1	1	9.5	0.065	2
模拟信号处理机	模拟信号处理机	R/R	11.7	1	1	11.7	0.080	2
控制盒	控制盒	R/R	5.0	1	1	5.0	0.034	1
激励盒	激励盒	R/R	27.6	1	1	27.6	0.188	6
低压电源	低压电源	R/R	15.4	1	1	15.4	0.105	3
共计			146.6			146.6	1	31

注:1. R/R 表示拆卸和更换;

2. 表中数据仅为示例;

3. 表中故障率使用万时率,即 10^4 h 的故障数。

表9-3中的分配步骤表述如下：

第1栏：列出产品的构成单元。本例中包括天线、发射机、接收机、共用数据处理机、数字信号处理机、模拟信号处理机、控制盒、激励器和低压电源。

第2栏：列出产品在舰员级修复的项目，即LRU。本例中的LRU就是第1栏中的构成单元。这里的LRU应是根据维修性分析或维修性设计中确定的舰员级可更换项目。

第3栏：列出LRU的维修作业。这里的维修作业是根据产品的维修方案定出的，可以是调试、拆卸、更换、修复等工作，本例中均是R/R（拆卸和更换），未含其他作业类型。

第4栏：列出每项LRU的故障率λ_i。λ_i由产品可靠性鉴定试验结果或可靠性预计给出。这里需要注意，故障率λ_i只应列出在舰员级能排除故障的故障率。

第5栏：列出产品中各LRU的数量Q_i。

第6栏：列出各LRU的工作时间系数T_i。工作时间系数T_i是指产品开机后各LRU的工作时间与产品全程工作时间之比，$T_i \leq 1$。

第7栏：计算出各LRU的$\lambda_i \cdot Q_i \cdot T_i$。

第8栏：计算各LRU的故障相对频率C_{pi}。可按下式计算：

$$C_{pi} = Q_i \lambda_i T_i / \sum Q_i \lambda_i T_i \qquad (9-1)$$

式中：i——LRU的项数，示例中$i=9$。

第9栏：计算各LRU试验分配的样本量。各LRU试验分配的样本量按下式计算：

$$N_i = N \cdot C_{pi} \qquad (9-2)$$

式中：N——预先确定的产品试验样本量。

注意：在本步骤中，因分配的样本数取整数，各LRU试验分配的样本量之和可能略微超过预先确定的产品试验样本量N。因此，产品试验最终确定的样本量应为各LRU试验分配的样本量之和，如示例中，预先按照GJB 2072试验方法9的最低要求，初步确定的产品试验试本量为30，而经过分配计算，各LRU试验分配的样本量之和为31。考虑该数值超过了最低要求数目（30），同时也满足分配的要求，故最终确定的产品试样样本量取为31。

7. 平均修复时间试验实例

1）MTTR试验的步骤

（1）试验操作人员到达试验现场时首先要检查型号的状况是否符合试验

规定的技术状态,保证型号安全使用与维修的设备、设施、技术资料、备件已到位。

(2)操作人员检查试验所需的工具是否齐全,状态是否良好;检查试验所需维修设备技术状态是否良好,与型号连接是否到位并可靠。

(3)按照列出的各项LRU试验操作要求进行操作。

(4)在操作过程中,评定小组的记录人员要制定的维修时间统计准则进行各项维修活动时间的测定,并记录测定结果。

2)试验数据的收集

试验数据收集表格主要针对两个方面的内容信息来进行指定:①试验现场需要收集的信息;②为了进行试验结果的评价需要进行信息分析与处理所需汇集的信息。产品MTTR试验现场需要收集的信息表格见表9.4和表9.5。在进行具体操作之前首先应填写表9.5,在现场收集信息时,应根据各LRU需进行的维修操作的内容,将有关维修活动框用黑线加粗标出,填写表9.4。

表9.4 修复性维修作业时间记录表

产品名称: 年 月 日

LRU 名称	维修 人数	维修活动时间/min							维修作业 时间
		准备	故障隔离	接近	拆卸与更换	重装	调准	检查	

故障诊断方式:BIT( )　　STE( )　　GTE( )　　NO( )

检测人员:

记录人员:

注:1. 表中所列专业应按部队维修人员的专业划分填写,若是新增专业按保障方案建议书中建议的专业名称填写;

2. BIT 表示机内测试;

3. STE 表示专业测试设备;

4. GTE 表示通用测试设备;

5. NO 表示无故障测试与诊断设备;

6. 对于某些未进行试验的维修活动,其活动时间应说明数据来源,如数据来源与型号定性试验中的试验测定,或数据来源于产品研制试验中的时间测定等。

表 9.5 修复性维修作业记录卡

产品名称   年 月 日

LRU 名称	操作次数（ ）
工具	
设备	
测量仪器	
需说明的事项及问题	
操作人员：_____ 专业：_____ 记录人员：_____	

将试验结果汇集成表，见表 9.6。

表 9.6 试验结果汇总

产品名称：   年 月 日

LRU 名称	分配的样本量	试验次数	测定 M_{ct} 值	备注

注：试验次数仅列出 3 次，实际上试验次数应与分配的样本量一致。

3）数据分析与处理

数据分析与处理是确保试验结果正确、有效的重要步骤。一般采用时间历程分析方法，即通过对表 9.5 中各项维修活动中的每一具体操作步骤所需的时间元素进行分析与统计后，计算该项维修活动所经历的全部时间。根据记录的原始信息，进行处理、提出无效内容后进行计算。时间历程分析的程序如下：

（1）确定每项维修活动中所包含的各步操作和试验操作过程中完成每一步操作所需的时间。

（2）当维修操作人员不止一个人时，应确定维修活动中的哪些操作（如更换项目时拆卸固定螺钉等）是安排在同时进行的，该项操作时间应取其最长值。

（3）进行时间活动合成，即每项维修活动时间是其各操作时间之和：

$$T_{ct} = T_P + T_{FI} + T_D + T_I + T_R + T_A + T_{CO} \qquad (9-3)$$

式中：T_{ct} 为修复时间；T_P 为准备时间；T_{FI} 为故障间隔时间；T_D 为接近时间；T_I 为拆卸与更换时间；T_R 为重装时间；T_A 为调准时间；T_{CO} 为检验时间。

（4）合计各项维修活动时间以确定维修作业时间。

4）试验结果评估

计算统计量时，将各 LRU 测定的 M_{ct} 值符号（X_{cti}，即一项 T_{ct}）表示；维修作

业样本用 n_c 表示;产品 MTTR 的样本值 $\overline{X}_{ct}$,其样本的方差值 $\tilde{d}_{ct}^2$,则

$$\overline{x}_{ct} = \sum_{i=1}^{n_c} X_{cti}/n \tag{9-4}$$

$$\tilde{d}_{ct}^2 = \sum_{i=1}^{n_c} (X_{cti} - \overline{X}_{ct})^2/(n_c - 1) \tag{9-5}$$

产品的 MTTR 试验结果评估按下列规则判断,如果

$$\overline{x}_{ct} \leqslant T_{ct} - Z_{1-\beta}(\tilde{d}_{ct}/\sqrt{n_c}) \tag{9-6}$$

则产品 MTTR 符合要求而接受,否则拒绝。

式中:T_{ct}——合同中规定的平均修复时间;

$Z_{1-\beta}$——指对应下限概率 $1-\beta$ 的标准正态分布分位数;

β——订购方风险。

对于平均预防性维修时间,一般采用点估计方法。

按下式计算平均预防性维修时间的样本均量 $\overline{X}_{pt}$:

$$\overline{X}_{pt} = \frac{\sum_{j=1}^{m} f_{Ri} \overline{X}_{pti}}{\sum_{j=1}^{m} f_{Ri}} \tag{9-7}$$

式中:m——全部预防性维修的类型数;

f_{Ri}——在规定的时间内发生的预防性维修作业预期数。

对平均预防性维修时间,若 $\overline{X}_{pt} \leqslant \overline{T}_{pt}$,则符合要求而接受,否则拒绝。

5)编写试验报告

试验评定小组编写产品维修性试验结果报告,报告的格式与内容一般应参照型号设计定型文件的要求编写,并向有关部门提交最终试验报告。报告的主要内容至少包括试验的目标、方法、实施过程、试验数据处理与试验的结论等。

9.3.2 维修性演示试验与评价方法

演示试验是一种按照规定的要求与程序维修过程操作的试验方法。对于修复性维修,是认定(或假定)有故障需进行维修并按规定的维修工序进行操作,对预防性维修检查是按规定程序进行操作的。它用于设计定型试验阶段和部队使用(或适应性阶段)阶段因条件不允许无法采用大量样本时间统计试验的情况,如无法进行故障模拟产生足够样本、预防性维修等。

1. 维修性演示试验的流程

维修性演示试验可按以下步骤进行:

(1)演示试验操作人员到达试验现场时,首先要检查装备的状况是否符合

试验规定的技术状态,保证装备安全使用与维修的设施与设备已到位。

(2)操作人员检查演示试验所需的工具是否齐全,状况是否良好;检查演示试验所需维修设备技术状况是否良好,与装备的连接是否到位并可靠。

(3)在进行完(1)、(2)项工作后,再按预定列出的各项 LRU 演示试验操作要求进行演示操作。

(4)在演示操作过程中,记录人员要制定维修时间统计准则进行各项维修活动时间的测定,并将测定结果填入相应维修活动框中。

(5)在每次维修作业演示操作完成后,如果装备要投入使用,一定要经过严格的复查,确信装备已恢复到演示试验前的技术状况才可以投入使用。

进行演示试验时,应注意以下问题:

(1)应严格按照装备维修技术文件规定的操作程序进行操作。

(2)应使用该装备维修保障方案中规定的工具和设备。

(3)应指定专人负责核查操作人员实施维修活动的正确性。

(4)在操作演示中严禁强行拆卸与安装。

(5)在操作演示中有可能造成产品的损伤时,必须有可靠的安全措施。

(6)在操作演示中有可能造成产品损坏或危及人员安全的操作时,必须经过全面细致的分析与论证并确认有必要的情况下,经试验领导小组批准且有确实安全保障的条件下才可以进行;否则,该项操作演示不予进行。

2. 平均预防维修的演示试验流程

对于平均预防维修时间来说,由于不存在故障模拟等内容,因此比较适合采用演示的方法进行试验。其试验工作的流程可见图 9-3。

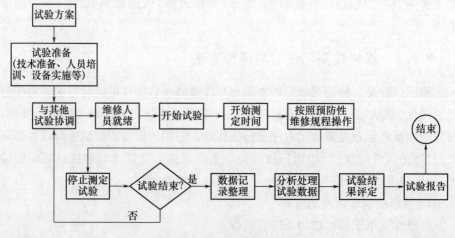

图 9-3 预防性维修试验流程

1) 试验方案

明确所有预防性维修的工作项目的发生频数对于制定预防性维修试验方案至关重要。

2) 试验准备

准备工作可包括如下内容：

(1) 技术准备,除"分配作业样本"外,其他项目均需要执行。对于每项预防性维修作业,建议试验 3~5 次。

(2) 明确产品特性,包括其组成、结构、装配连接关系等。

(3) 各种工具、保障设备、设备基本到位。

(4) 维修人员应具备维修方案中所确定的基本维修技能。

3) 协调

协调主要指应与装备的其他试验、使用情况进行协调,以保证试验工作开展的顺利,提高数据的有效性。

3. 时间统计原则

与 MTTR 的试验工作相比,其中更换、重装、校正等工作内容基本相同,在平均预防性维修时间中不含有故障隔离定位的部分。此外,对于规程中所规定的诸如目视检查、润滑等操作直接记录其消耗时间,应计入预防性维修时间测定值 X_{pti} 中。

预防性维修与修复性试验工作比较,主要区别如下：

(1) 预防性维修试验需要完成全部的预防性维修工作内容,即预防性维修具体的工作项目、内容是已知的,而修复性维修则要完成排除故障的目标。

(2) 预防性维修试验工作中不需要模拟故障。

(3) 在试验中,每次一般外观检验或定期检查,都当作独立的预防性维修作业；在检查中所进行的维修应作为独立的修复性维修作业处理。

(4) 预防性维修一般不考虑维修时间的分布,一般在样本量上没有明确的最小样本要求,而是取 3~5 次的平均值。

本试验方法的主要工作内容是维修作业操作演示和同时进行时间测量,并且试验是在尽可能类似于使用维修的环境中进行,有相当高的真实性。在国外装备维修性试验中也曾加以应用,如美国海军 AV-7B 在研制阶段进行的维修工程检查中,对某些维修操作困难的部位就进行过演示。

这里应该说明,如果将演示试验方法用于 MTTR 的试验,则只是对修复性维修工作中的某些维修活动进行操作演示,因此所得的数据只是 MTTR 中的一部分时间要素。对于其他时间要素需要利用有关的信息,如故障间隔时间需利用 BIT 研制试验中的测定数据或装备定型试验中的测定数据等。如果某项或某些操作演示,尽管 LRU 不同,但操作演示的内容相同,前一个 LRU 的演示结果可以直接用于后一个的试验中,不必重复试验。

9.4 维修性试验管理要求

9.4.1 维修性试验的组织管理

维修性验证是指为了确定装备是否达到规定的维修性要求,由指定的试验机构进行或由订购方与承制方联合进行的试验、分析评价工作。维修性验证通常在装备定型阶段进行。在生产阶段进行装备验收时,如有必要也要进行。

维修性验证的目的是全面考核系统是否达到规定的要求,其结果作为批准定型的依据之一。因此,进行验证试验的环境条件应尽可能地与装备的时间试验与维修环境一致或接近,维修所需的工具、保障设备、设施、备件、技术文件,应与正式使用时的保障计划一致,其所用的保障资金也应该尽可能地与规划需求相一致。试验要有足够的样本量,在严格的监控下进行时间维修作业,按规定方法进行数据处理和判决,并应有详细记录。

维修性验证的制订试验机构,一般是专门的装备试验基地或者是试验场。也可以是经订购方和承制方商定的具备条件的研究所、生产厂或其他适合单位。

参加验证的维修人员,应当是由专门试验机构的或订购方的现场维修人员,或经验和技能与现场维修人员同等程度的人员。这些人员应经承制方适当训练,其数量和技术水平应符合规定的保障计划的要求。但合同规定装备在使用中由承接方负责的维修作业除外。

为了保证维修性试验与评价的顺利实施,需要成立领导小组,统一领导和部署试验与评定工作,应对试验与评定过程中可能发生的各种问题,包括多试验进度、费用、人员、保障资源、维修性试验与其他试验的协调等。

产品维修性核查由承制方组织实施,订购方派代表参加,可由双方组成领导小组;维修性验证由试验基地(场)承担时,试验评定的组织领导由基地(场)按规定实施;若维修性验证试验在研制单位进行时,则由订购方和承制方共同组成领导小组,由订购方派员担任组长,并根据需要设置技术、维修、保障等小组,部队使用或使用中的维修性评价,由订购方组织实施,承制方派员参加。

领导小组负责按计划组织实施维修性试验与评定,并就发生的问题协商做出相应的裁决,具体职责包括如下内容:

(1)受试品均符合图纸要求,或者订购方已经接受不符合之处。

(2) 需用的技术手册应为最新版本。
(3) 获得按保障方案规定类型和数量的保障器材。
(4) 参试的使用、维修人员均应经过训练,达到规定的技术水平。
(5) 对已经规定的保障资源和数据处理方法,分析技术的变动应经过批准,并纳入经过更新的试验与评定计划中。

9.4.2 保证验证与评定正确的要素

为了保证试验与评定结果具有较高的置信水平并提高其费用效益,必须严格按规定的试验程序和方法进行。同时,还要十分注意整个试验与评定工作中的若干关键问题。主要有以下几点。

1. 尽早确定试验方法

在有关合同文件中应明确对维修实行严整的要求,包括验证的参数、指标及风险率。在装备研制的早期,就应考虑在研制过程中要进行的全部试验,制定一个切合实际且有力的综合试验方案,并明确各种试验的试验方法。这样既能充分利用各种试验资源、缩短试验时间、提高试验效率、避免不必要的重复和浪费,又能得到符合实际的数据,消除任何方面的人为偏差。

2. 充分做好试验前的准备

试验环境和条件应尽可能接近实际的维修环境和条件,能代表装备在预期使用维修中的典型情况。工作环境及工具、保障设备、备件、各种设施以及技术资料人员技术水平等的品种、数量和质量都应准备好,并经检查,确认是完备的与所验证的维修级别一致后才能开始试验。

各种试验设备、仪表、记录表格均应做到品种、数量和质量符合要求,避免试验中不必要的技术拖延。

科学安排试验日程和工作程序,防止忙乱现象,避免试验中不必要的管理延误。

备选维修作业样本的数量要充足,并应具有足够的代表性。因此,每一个模拟故障都要尽可能与自然故障相接近,避免维修作业样本过于简单或过于复杂。

3. 正确模拟故障,严格按规定程序进行维修作业

凡是需要模拟故障的维修作业,在模拟故障前和修复后都应检查该装备的工作是否正常。在模拟故障时,试验领导小组应从预选的维修作业样本中选择合适的样本作为试验样本。故障模拟后,除了由于模拟的故障模式所产生的现象外,不应有其他的明显故障现象。维修人员不能目击任何引入的人为故障。对排除故障所需的备件、工具、测试和保障设备或技术资料等都不能过早地呈

现,不能对维修人员有任何"暗示"。严格要求维修人员按技术文件规定的程序和方法进行全部维修活动,并有专人按规定表格记录。

4. 认真收集和处理维修数据

分析和处理试验数据,要持慎重态度。对于验证试验数据的任何疑点都应查明原因,方能决定是否采用或剔除。必要时,应重复试验某些维修作业项目。当使用其他试验的维修时间数据作为自然故障产生的维修作业样本时,要认真审查记录该项时间的环境和条件是否符合维修性试验的要求。明显不符合要求的维修数据不能使用,应另行试验。

经验证明,对数据分析不能持"只用一次"的态度。对首次分析及所得的结果提出疑问是有益的。反问自己所使用数据是否正确,使用方法有无问题,分析结果是否可信,是很重要的。因为试验过程中存在许多影响试验结果的不确定因素。对定量分析的结果进行反复推敲和思考,从定性方面分析结果的合理和不合理之处,往往会得到新的更深刻的认识,这才能得到可信的结果。

9.4.3 维修性试验与评价计划的制定

GJB 368B—2009《装备维修性工作通用要求》中指出,为了做好维修性试验与评价工作,需要制订相应的维修性试验计划,并经订购方批准。其一般要求符合 GJB 2072《维修性试验与评定》中的内容。计划应根据产品类型、试验与评定时机及种类,检验要求等制订。

1. 资料要求

制订试验与评定计划应掌握以下资料:

(1)定量与定性的维修性要求。

(2)维修方案。

(3)维修工作的环境和使用条件。

(4)维修级别。

(5)试验评定的产品。

(6)需评估的保障资源。

(7)其他相关材料。

2. 计划的内容

核查、验证、评价应分别制订计划,详细的计划一般应包括以下各条规定的内容。

(1)概述。概述部分一般应说明:试验与评定的依据;试验与评定的目的;试验与评定类别;试验与评定的项目;若维修性试验与其他试验结合进行,应说明结合的方法。

(2) 试验的组织。试验的组织工作，一般应明确：试验评定的组织领导及参试单位；试验人员的分工及资格、数量要求；维修小组人员的来源及培训要求。

(3) 试验场地与资源。试验的组织工作，一般应明确：试验场地及环境条件；工具与保障设备；技术文件；备件和消耗品；试验设备；安全设备。

3. 试验的实施

试验的准备工作，一般包括：试验组的组成；维修人员的培训；试验设备的准备；保障器材的准备。试验准备完成后经过检查或评审，即可进行试验实施。试验实施一般包括：

(1) 试验进度。

(2) 试验方法，包括判决标准及风险率或置信度水平，以及有关下列情况的规定或处理原则：保障设备故障；由于从属故障导致的维修；技术手册和保障设备不适用或部分不适用；人员数量与技能水平的变更；维修检查；拆配修理；维修时间限制等。

(3) 当模拟故障时，选择维修作业的程序。

(4) 数据获取方法。数据分析方法与程序、重新试验的规定。

4. 试验结果评定

试验结果的评定，一般应包括对装备满足维修性定量要求的程度的评定、对装备满足维修性定性要求的程度的评定、对维修保障要素的评定（需要时）。

5. 试验与评定报告

计划应规定试验与评定报告的编写与交付的要求。

(1) 监督与管理。计划应明确试验与评定的监督与管理要求。

(2) 试验经费。计划应拟定试验经费的预算与管理方法。

维修性验证试验计划，应于产品工程研制开始时基本确定，并随着研制的进展，逐步调整。

9.4.4 注意事项

根据实际情况，恰当地应用标准，对于经济而有效地完成维修性试验与评价工作是至关重要的。在应用有关的标准时，应注意处理以下几个问题。

(1) 注意类似的工作内容在不同国军标中可能有一定差异，要避免造成混淆。例如，在 GJB 2072 中，构成维修性试验与评价的三类方式之一的"维修性评价"指的是"确定装备部署后的实际使用、维修及保障条件下的维修性"的一种评价方式。在 GJB 368B 中的工作项目 502"使用期间维修性评价"，指的是"确定装备在实际使用条件下达到的维修性水平"的工作。

（2）在开始进行试验前，切实按 GJB 368B 附录 A 中叙述的各项基本规则做出明确的规定，其中的关键事项是对于记录的维修作业时间的认定和区分与处理。

（3）维修性试验与评价是一项相当细致而繁琐复杂的工作，对通过试验所获得的数据进行处理与分析也需要相当大的工作量。有时，从工程实际考虑，要在保持一定可信和可接受程度的前提下做适当的简化处理，而 HB 7177《军用舰船可靠性维修性外场验证》则提供了较为简单快捷的处理方法，可以参照应用。

（4）定性的维修性评价是对定量的维修性评价的不可或缺的补充，因此应认真制定据以进行定性评价的维修性核对表，并切实地对照核查。但应注意的是，维修性核对表不应是维修性设计准则的简单重复，而是设计准则更进一步地细化。以可达性为例，设计准则中可能仅提出"应具有最大可能的可达性"，而与之对应的核对表则可能进一步从不同的角度列出若干项条目。

第10章 舰船装备虚拟维修性分析技术

传统的维修性分析技术主要是通过分析设计图纸来对设计准则进行符合性检查,或者在实物样机上进行维修演示验证。由于舰船一般不建造样机,因此多数分析是利用图纸进行。在图纸上进行诸如设备(部件)的可达性、拆卸的便利性和维修空间等的分析,很难保证分析的准确性、直观性以及结果的可信性。舰船系统复杂巨大,要在图纸上全面、系统地分析可达性、维修安全性和人因工程等维修性特性,无论是对专业设计人员还是维修性设计人员来说,都有一定的难度,造成许多分析工作的内容得不到落实,而且分析结果也无法及时反馈到设计中,从而影响舰船的维修性设计水平。为确保将良好的维修性特性落实到舰船设计中,必须解决维修性(如可达性、拆卸便利性、维修空间等)分析过程的直观性、分析时机的及时性以及分析结果的可信性等问题。虚拟维修技术是解决该问题的有效途径。

虚拟维修是虚拟技术近年来的一个重要研究方向,目的是通过采用计算机仿真和虚拟现实技术在计算机上真实展现装备的维修过程,增强装备寿命周期各阶段关于维修的各种决策能力,包括维修性设计分析、维修性演示验证、维修过程核查、维修训练实施等。通过仿真,维修人员可以在数字样机上完成维修操作,而基于仿真来进行维修性分析能够克服定性分析方法的不足,及时发现维修性设计问题,通过采取适当的纠正措施便可实现与舰船的同步设计和制造。

10.1 虚拟维修样机及维修作业建模

基于数字样机的舰船维修性设计分析是指以舰船CAD设计数据为基础,通过构建包括舰船、设备、维修工具、维修人员在内的虚拟维修仿真环境,并按预定的维修方案仿真维修过程,通过检测工具获得关于"虚拟维修人员－设备－工具"相互作用的数据。以维修性知识和经验为基础,对维修性设计进行分析,发现存在的维修问题,评价舰船的维修性水平,并提出改进的建议。

通常采用分层模型来描述维修作业过程,以便建立维修仿真过程模型,并支持维修性分析。根据维修的可分解特点,将维修事件分解成维修作业、基本维修作业和动作单元3个层次。在动作单元层,能够支持参数化维修动作与数字样机维修特征的交互,完成基本维修作业的仿真。构建的虚拟维修仿真过程模型如图10-1所示。

在图10-1所示的维修过程分解的基础上,通过仿真分析"虚拟维修人员-设备-工具"的相互作用对维修的影响,构建与产品层次结构之间的维修问题关联关系,并采用层次分析法进行综合评价,给出纠正措施建议。

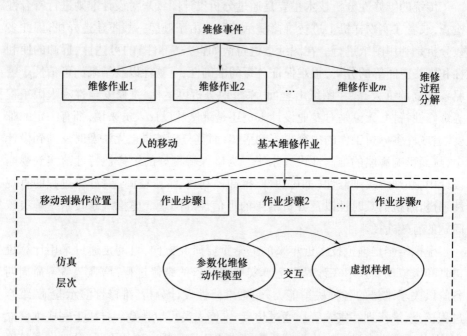

图10-1 虚拟维修仿真过程

虚拟样机或数字样机,是一个产品实物的计算机仿真,它能被展示、用于分析和测试产品生命周期相关的各个方面,如工程设计、制造、维护与回收,就像在真实的物理样机上进行的一样。为了区别于一般虚拟样机的概念,本节定义用于维修性及维修相关领域的电子样机为虚拟维修样机。

虚拟维修样机能够替代"真实产品",用于分析和测试产品与维修有关的各个方面,如维修性设计、分析、评估,维修检查与验证,维修训练等。虚拟维修样机在一定程度上具有与物理样机相似的几何与功能真实度,具有支持维修活动过程的空间、时间、自由度约束的运动特性和物理特性,包含了特定的维修作业信心。结合虚拟系统,虚拟维修样机可以实现维修有关活动或者过程的模拟虚拟维修仿真,进行维修训练、维修性分析与评估等。

虚拟维修样机应该具有以下特点：

(1) 由于舰船结构巨大、复杂,故构建其虚拟样机的工作也比较困难。因此在建模时应对舰船三维模型进行轻量化处理,支持实时的仿真加载。

(2) 保持产品 CAD 设计的基本结构关系、装配关系。

(3) 能够保持或者实现样机的结构运动。

(4) 能够提供支持人机交互的交互信息。

10.2　虚拟模型和维修信息的核查和评价

10.2.1　维修性虚拟核查目的

通过电子样机维修性核查,及时发现并改进产品的维修性设计问题,尽量做到维修性问题封闭在设计阶段。

基于静态虚拟维修仿真试验,确认产品是否存在维修舱门/口盖、维修通道、维修空间设计不合理,设备布置不符合要求、设备维修不可达或保障设备不可达、设备维修不可视、设备人素工程、维修安全设计不合理等维修性设计问题。并以电子样机维修性核查结果为基础,形成维修性设计改进建议,实现产品的设计优化。

基于动态虚拟维修仿真试验,通过对典型维修/维护动作、姿态开展人机工效学分析,从人因工程学的角度综合评价相关维修通道、空间、设备观察视窗等设计的合理性,并以评估结论为基础给出设计改进建议。

通过电子样机核查,评估产品典型设备拆装、维护程序的合理性,给出改进建议,实现设备拆装、维护程序的优化。

针对改进后的产品、设备开展电子样机维修性核查,验证设计更改的有效性,实现设计迭代和优化。

10.2.2　虚拟模型的检查

虚拟模型技术以信息技术作为平台,工程师完全在计算机平台上,通过三维 CAD/CAE/CAM 软件,建立完整的数字化产品模型,组成数字化样机的每个部件除了准确定义三维几何图形外,还有相互间的装配关系、技术关联、工艺、公差、人力资源、材料、制造资源、成本等信息。在工业设计、产品工程化设计以及工艺工装设计过程中,工程师采用三维数学模型对产品进行评估、修改和完善,整个过程中,尽可能用虚拟模型来代替实际的物理样机进行试验和静、动力学仿真分析,根据仿真计算结果对设计方案进行优化和改进,从而得到最终设计方案。这样就可使产品的开发在第一台物理样机出现之前获得成功。

虚拟模型核查的工作主要包括以下主要内容。

1. 虚拟模型信息的有效性检查

主要检查样机信息和型号是否对应,虚拟模型是否经过权威技术审查,归档手续是否齐全,数据格式是否有效,能否在规定的设计查看软件环境中正常运行。

2. 虚拟模型信息的完整性检查

主要检查虚拟模型是否涵盖维修性评价所应具备的信息要素,同时又属于虚拟模型的基本要求。内容包括:样机对象的 BOM(物料清单);各维修对象的几何形状尺寸、装配关系、连接方式、紧固方法、维修环境信息等是否齐备。

3. 虚拟模型信息的合理性检查

主要初步判断虚拟模型的设计是否满足虚拟模型相关技术规范和要求,样机所附带的设计信息是否科学合理,所形成的技术状态是否经过审批和固化。

10.2.3 维修信息的核查和评价

由于维修性受制于维修项目、维修时机、维修条件的约束,这些又是评价维修性的重要前提和基础。比如维修项目如果规划不合理,将会导致不需维修的对象维修性很好,而需经常维修的对象维修性存在不足。因此在进行正式维修性评价之前必须要进行相应的核查。

1. 维修对象和项目规划合理性检查

检查维修级别分析的结果,判断所规划的维修项目和对象是否在合理的维修级别,包括在线可更换单元(LRU)、工厂可更换单元(SRU)的划分是否合理,各种预防性维修的项目和周期是否科学。我国海军维修力量主要由舰员、修理所、海军修理厂、军外修船厂和机动修船力量等组成。这些力量根据其设备能力大小、技术水平高低以及人员组织情况,在维修中所担负的任务也各不相同。维修包括舰员级维修、中继级维修和基地级维修,各层次维修的要求不一,在进行维修性验证过程中应遵循"全面分析、重点突出"的原则,既能有效把握维修性的整体水平,又能对维修难度大的维修项目进行重点核查。

首先,应对照检查设计部门所提供的 RCM(以可靠性为中心的维修)分析、FMECA(故障模式、影响与危害度分析)结果是否科学合理,针对故障件的 LORA(维修级别分析)是否正确。

对于舰员级维修项目,包括 LRU 的更换维修和预防性维修项目的实施,应重点进行维修性检查和评价,确保舰员维修操作方便、省时省力。

对于中继级维修项目,由于维修的技术力量更为强大,应进行有效筛选,对于维修难度大、作业时间长、维修通道和空间要求高的项目,应进行针对性分析,避免出现不可维修的项目。

对于基地级维修项目,一般在地方修理厂进行,其维修周期长,动用维修资源多且先进,原则上少进行维修性检查。

2. 维修流程的合理性检查

在装备的维修任务中,都有规定的拆卸分解步骤。虚拟维修仿真必须按照实际的维修步骤来模拟维修过程,这就要求虚拟维修样机模型能够给出其拆装顺序的描述。应检查所提供的维修流程是否清晰、细致,可模拟实施,维修路径规划是否合理。

3. 维修器材的合理性检查

对于各个维修项目,应检查维修流程中所需要采用的维修工具、检测设备、基础设施是否齐全,并提供相应的三维模型和交互特征。

对于各种检修、预防性维修,应当检查维修所需要的润滑、清洁、观测等材料是否合理。

4. 维修人力的合理性检查

维修所需要的人员数量是否合理,对于舰员级维修,应考虑人员规模和维修空间的约束。初步判断维修所需要提供的力量、尺寸是否超过人体的最大作业能力,是否对舰员维修能力有过高的要求。

10.3　维修性定性要求的虚拟维修验证

在目前实际工程应用中,基于虚拟仿真实验的维修性分析已在维修性核查、维修性评价验证中开展。维修性虚拟试验评价与验证中更多地采用维修性综合分析评价方法,主要是针对整个系统,对多个维修工作方案进行分析、评价与权衡,来选择优化维修方案及评价产品的维修性水平。

1. 维修人员可视性分析

维修人员的可视性是指维修部位在维修人员视线可以达到的范围内,使维修人员方便地进行维修活动。例如:拆下盖板时,要能以正常的视角看到所有的零部件;取放零部件时,要能从开口部分看到零件;配置零件时,要使零部件上的金属件、螺丝、夹子等都能看得清而又不受其他零部件遮蔽,也不受工作人员的手和工具的遮蔽;为了能识别,要在机件上和零部件上做出标识;需要调整的零部件,既要看得到调整处,又要在机体上或对应的显示器上显示调整范围。

运用视界分析工具,分析维修人员站在地面是否可以进行有效目视检查工作。核查外部检查维修点的可视性是否最佳,即处于双眼均可看到的部位。需要使用辅助、架等保障设备才能进行目视检查的,调整人体模型、工作梯/架模型及样机模型的相对位置,使其处于适合的位置,然后再进行产品外部可视性分析。

2. 维修人员可达性分析

维修人员的可达性是指工具或手能够沿一定路径或方式,接近维修部位。零部件应在不拆装其他零部件的情况下能直接接触到;对于大的、重的零部件等,在布局时应考虑尽可能放置在开口部分的近旁;故障出现频数多的零部件、更换时间长的零部件,也应该放在实体中可达性好的部位。

打开人体模型手掌可达剖面,剖面包容区域即为人体模型手掌的可达区域或较有效操作区域。通过人体模型的剖面分析舱段样机维修点的可达性。同样,需要借助辅助工作梯才能进行可达的维修作业点,在调整了人体模型、辅助梯架及样机的空间位置后,再进行可达性分析。

从不同的方位对样机的维修舱门/口盖的开启部位可达性、可视性、支撑设计、是否倒角、有无系留、有无防差错设计、开度是否满足要求等进行核查。操作人体模型徒手或携带相应的保障设备通过舱门提供的维修通道,核查舱门/口盖的基本功能。通过演示舱门的开关过程,核查舱门开关过程中是否会干涉其他活动部件的运动。

3. 维修人员操作空间分析

维修人员的操作空间是指工具或手有足够空间完成相应的维修动作,如扳手应该至少有60°转动空间才可以完成扳手的维修任务,使用改锥时应保证螺钉头上方的空间应不小于工具本身长度、螺钉长度及约75mm的手腕高度其三者之和。例如,在某仿真过程中可以得出,维修人员在安装车下部支脚、横向行走轮、上部支托架前后调节螺杆、上部支托架左右调节螺杆、上部内外支托这几处的运动机构以及拆装外侧主安装节进行操作时,有足够的操作空间;维修人员对上部支托运动机构进行调节以及拆装前辅助安装节减振支柱、拆装内侧主安装节减振支柱、拆装后辅助安装节内外减振支柱时,维修人员的操作空间较小,手臂易和周围设备碰撞。

碰撞检测是一种检测人体活动过程中是否和其他模型发生空间上干涉的工具。虚拟场景中的碰撞检测可以分为维修人员的操作空间进行分析,碰撞的部分显示为红色。

在仿真的过程中，维修人员对上部支托架后支托运动机构进行调节以及拆装前辅助安装节减振支柱、拆装内侧主安装节减振支柱、拆装后辅助安装节内外减振支柱时，手臂和周围设备发生碰撞。

操作人员模型使用维修工具对部件进行简单的维修作业演示，核查维修工具的维修可达性。通过人体模型操作维修工具是在一定范围内运动，核查部件的操作空间设计。

操纵人体模型模拟通过设计的维修通道开展维修作业，对舱段的维修通道设计进行核查。

4. 维修人机工程分析

维修人员的工作姿态直接影响维修人员的疲劳度，长时间不良的工作姿态给维修人员带来疲劳。

拆装前辅助安装节减振支柱时需要维修人员对身体特别是上身进行较大调整后接近操作部位，或者维修人员采取坐在电机通风管前部的机舱上的方式对前辅助安装节减振支柱进行拆装。

拆装主安装节减振支柱后和辅助安装节减振支柱时，维修人员调整姿态后并不难进行操作，拆装工作姿态基本不会带来疲劳感。

操作人体模型演示样机内部件的典型维修姿态，核查维修人员的姿态是否舒适。结合部件的基本属性信息，核查样机内重量超过 4kg 的部件是否设置了搬运把手。通过调整观察角度，必要时隐藏遮挡的部件或管路，核查无搬运把手和专门搬运保障设备的部件，外形是否便于抓取或搬运。通过视界分析工具，必要时调整人体模型姿态，核查样机内各种显示及告警设备是否处于最佳视野范围内。

通过调整观察角度，必要时隐藏遮挡部件或管路，核查样机内应急电门、应急舱口的按钮、把手有无防护措施，样机内危险源的影响范围是否对维修路径产生干涉，高压部件是否涉及了直接触碰的防护盖，重要控制器是否有防止误碰的措施，相互靠近的控制手柄是否从外形上进行了区别。

对重量较大的部件，开展托起动作。调整人体模型姿态使其处于托起部件的状态，为接近工程实际，可将需托起的部件置于人体模型的手上，确认部件是否能够被安全托起。对超出安全托起重量范围内的部件，进行相应的设计分析。

对重量较大的部件，开展搬运分析。调整人体模型姿态使其处于搬运部件的状态，为接近工程实际，可将需要搬运的部件置于人体模型的手上，形成搬运分析结果，基于分析结果进行相应的维修性设计核查。

对需要推拉的部件或保障设备，开展推拉分析。调整人体模型姿态，使其处于推拉部件的状态,可将推拉的物品置于相应的位置。形成推拉分析结果,基于分析结果进行相应的维修性设计核查。

10.4 基于虚拟维修的大型设备出舱模块开发

船舶大型设备出舱维修过程复杂,设备出舱方案设计通常依赖个人经验,在实际生产中经常出现出舱空间不足、遗漏作业、冗余作业等现象。利用虚拟维修技术分析船舶大型设备出舱过程方案仿真的具体流程及核心要点,可实现出舱路径的仿真可视化分析及优化。

10.4.1 出舱管理分析流程

利用JACK开发的出舱管理分析流程图如图10-2所示。JACK是一个强有力的交互式实时仿真平台,其包含大量的人体模型,通过导入或创建模型,JACK可以轻易地创建出一个虚拟操作环境。首先进行初始化,然后实现大型设备管理、开口管理、路线评价要素管理、出舱路线管理。各管理功能自动验证数据正确性,不正确的数据进行提示,数据正确后进行各自的管理功能。

出舱线路的开口位置和大小需要综合船体结构、牵连工程、吊装工艺、工时和耗材的影响,出舱线路的评价指标如图10-3所示。船体结构主要考虑水密区域划分、开口尺寸和开口应力,牵连工程主要考虑因设备出舱导致其他系统、设备拆装的规模,及其恢复难度和恢复精度。吊装工艺主要考虑吊装设施和吊装难度,以及吊装支点可承受性,耗材主要包括因进出舱工程使用的绝缘地板、电力电缆、管路和油漆等。

10.4.2 出舱管理分析模块具有的功能

大型设备出舱的虚拟维修性设计平台具备以下功能:
(1)大型设备管理模块,根据设备的尺寸属性,过滤出全舰大型设备列表。
(2)大型设备出舱线路管理,平台提供所有开口位置和出舱线路的信息管理。
(3)出舱过程分析与评价,平台提供设备出舱线路的分析,并能够基于指标计算开展维修性评价。

10.4.3 实现方案

(1)大型设备管理模块。在维修结构树建模的基础上,根据设备的尺寸属性,过滤出全舰大型设备列表,提供编辑、修改、查询等操作。

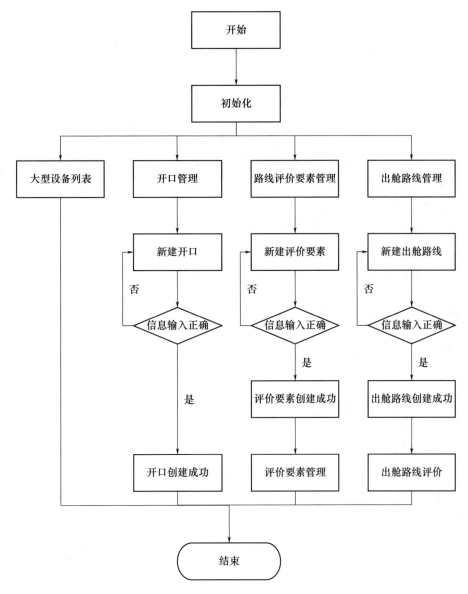

图 10-2 出舱管理分析流程图

（2）大型设备出舱线路管理。平台提供开口信息管理，包括开口编号、甲板、舱位号、开口尺寸等。

出舱线路和大型设备在维修结构树的节点信息关联，将设备所在舱室和出舱经过的若干开口位置连接起来。平台提供出舱线路的新建、编辑、修改、删除和查询功能。

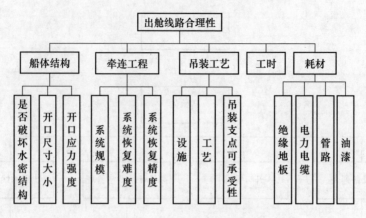

图 10－3　出舱线路评价指标体系

(3)出舱过程分析与评价。按照图 10－4 所示的评价指标体系给出评价界面,评价指标可以相应调整,管理员权限可以设置评价指标的权重。

评价要素	评价结果	分值	权重
出舱导致的吊装工程	吊装工程对设施、工艺和支点要求低。	6~10	0.2
出舱导致的吊装工程	吊装工程对设施、工艺和支点要求高。	0~5	0.2
出舱导致的耗材量	出舱导致绝缘电阻、电力电缆、管路、油漆等使用较少。	6~10	0.1
出舱导致的耗材量	出舱导致绝缘电阻、电力电缆、管路、油漆等使用较少。	0~5	0.1
出舱导致的牵连工程	导致的牵连工程规模较小，未涉及有安装精度或难度要求设备的拆装。	8~10	0.3
出舱导致的牵连工程	出舱导致的牵连工程规模较大，或涉及有安装精度或难度要求设备的拆装。	4~7	0.3
出舱导致的牵连工程	出舱导致的牵连工程规模大、涉及有安装精度要求的设备。	0~3	0.3
出舱路线长度	出舱路线长度长	6~10	0.1
出舱路线长度	出舱路线长度短	0~5	0.1
开口对船体结构的影响	开口没有破坏水密结构,没有破坏强结构	9~10	0.3
开口对船体结构的影响	开口没有破坏水密结构,对强结构的破坏小	7~8	0.3
开口对船体结构的影响	开口没有破坏水密结构,对强结构的破坏大	4~6	0.3
开口对船体结构的影响	开口破坏水密结构	0~3	0.3

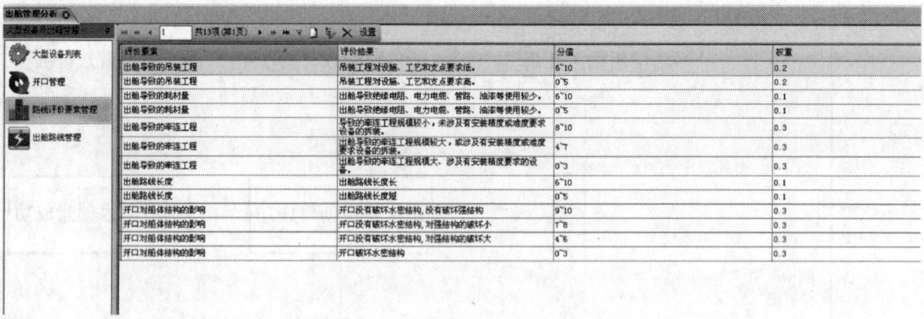

图 10－4　出舱线路评价界面设计

针对各出舱线路,通过文本框输入各评价指标的数值,通过加权计算完成出舱线路的评价,并分析出舱线路的薄弱环节。

第11章 舰船装备维修性管理

11.1 维修性管理的作用意义

维修性是设计出来的,也是管理出来的。维修性工程的成功与发展,是自上而下狠抓管理的结果,这是国外的经验,也是我国的经验,是维修性工程发展的客观要求,是必须遵循的规律。随着武器装备对可靠性、维修性要求的不断提高,维修性管理就更加重要。所以,应当通过各个管理环节加强维修性工作管理,同时认真贯彻落实国家颁发的有关法规和标准,使维修性管理走上科学化道路。

装备维修性管理是从系统的观点出发,在装备寿命周期中进行规划、组织、协调与监督,以全面贯彻维修性工作的基本原则,实现既定的维修性目标。在现代装备管理中,维修性管理已成为维修性工作中非常重要的部分,并对维修性工作计划的制定、维修性工作要求的评审等工作产生重要的影响。通过对维修性工作的指导,调动各方面的积极性,可以正确地进行维修性工作;通过维修性管理,确认、评价、审查各部门的维修性工作计划,使其符合完成总目标的要求,并能协调各部门、各岗位之间的维修性工作,使各项工作能协调发展,一旦发生偏差,能及时发现并予以纠正。维修性管理的作用主要表现在以下几个方面。

1. 维修性管理是系统工程管理的重要补充

任何一个装备从论证开始到设计、生产、使用、维修直至报废,是一个不可分的连续过程。要保证产品的维修性,在装备技术责任单位内部,它与设计、生产、试验、仪器设备等各部门都有密切的关系,在外部又与元器件生产企业、使用单位、维修保障单位等紧密联系。

在这样一个过程之中,如果有一个环节失误,就会造成不可挽回的后果。例如,在设计阶段对产品维修性考虑不足,则无论在以后的使用和维修中如何改进维修方式,仍然不可能获得易于维修、可靠性高的产品。我国《武器装备维修性管理规定》明确提出,武器装备维修性管理是系统工程管理的重要组成部分。维修性、保障性工作必须统一纳入武器装备研制、生产、试验、使用等计划,与其他各项工作密切地进行。应当对装备性能、可靠性、维修性、安全性、保障性等质量特性进行系统综合和同步设计。认真贯彻这一规定,对提高维修性管理水平,促进装备质量的全面提高具有深远意义。

2. 维修性管理是将作战使用需求转化为维修性要求与指标的重要途径

20世纪90年代以来,高新技术广泛应用于军事领域,形成了以高技术质量建军为主要标志的竞争新态势。武器装备不仅要性能先进,而且维修性要好、综合效能高、形成战斗力快。装备维修性水平的提高是提高装备作战效能和战备完好性的重要手段,但需要投入较多经费。因此,需要从系统的观点出发,通过科学合理的维修性管理,根据装备作战使用需求,建立使用要求参数与装备维修性指标参数的数学模型。一方面,通过维修性管理,可以使装备维修性水平满足作战、训练的需要,保持我军装备具有较高的可用性、战备完好性;另一方面,又能节约大量费用,使维修性工作能得到有效的经费支持。可以说,维修性管理是将作战使用需求转化为维修性与可用性要求与指标的重要途径。

3. 维修性管理是维修性论证、设计、试验等工作的重要纽带

装备维修性管理是在时间和经费允许的范围内,根据用户的要求,为了生产出具有高维修性的产品,在整个产品论证、设计、研制、制造、使用过程中,所进行的一切组织、计划、协调和控制等综合性管理工作。

为了能对产品的维修性工作进行正确有效的管理,各级管理工作者必须了解产品的寿命周期及寿命周期各阶段应进行的主要维修性工作。管理者应了解在各阶段的什么时候和怎样来规定、评定和跟踪这些工作;各项工作的相对重要性、遗漏或削弱这些活动可能造成的后果;各项工作所需的费用及效益,作为决策时考虑的因素,并有效地开展相应的维修性管理工作。维修性管理不仅与现役装备有关,而且更重要的是新研装备的维修性管理。如果新研装备和现役装备的维修性工作不能有机结合,将会造成管理上的脱节。因此,可以说,维修性管理在维修性论证、设计、试验等工作中起着重要的纽带作用。

4. 维修性管理是维修性增长和装备持续改进的重要手段

据统计分析,海军舰艇的使用与保障费用约占寿命周期费用的70%~80%。造成使用保障费用高的主要原因是装备的可靠性低、维修频次高、保障难度大等。在军费有限的情况下,装备维修费用高,使国家难以拿出足够的经费提高新研装备的性能可靠性,又导致新一代装备使用效能低、维修保障困难。国外成功的经验表明,提高装备的可靠性与维修性(RM)是降低使用维修保障费用,从而降低武器装备寿命周期费用的关键因素。因此,需要不断探索新方法,不断提高装备的维修性与可靠性水平。因此,必须下大力加强维修性管理,提高装备的维修性,使装备得到持续的发展。

11.2 寿命周期中的维修性管理

为了获取优质产品,在其寿命周期内对维修性进行综合管理是至关重要的。同时,为了提高武器装备的战备完好性和任务成功性,减少维修人力和保障费用,在产品寿命周期的不同阶段要进行不同的维修性工作,管理工作者只有在了解这些工作的基础上,才能抓住重点,正确、及时地进行计划、组织、监督和控制。

11.2.1 论证阶段

本阶段的主要任务是提出装备的定量、定性要求。围绕着这项任务进行维修性指标论证。主要包含以下几个方面:

(1)用户在进行装备战术技术指标论证的同时,进行维修性指标的论证。

(2)对国内外同类装备的维修性水平进行分析,以便根据最新的需求提出既先进又可行的指标。

(3)提出装备的寿命剖面、任务剖面及其他约束条件以及设想,这项工作是所提指标的依托条件。

(4)维修性经费需求分析。

(5)在组织战术技术指标评审的同时,对维修性指标进行评审,最后纳入产品的《研制总要求》中。

11.2.2 方案阶段

本阶段的主要任务是确定设计与保障性方案和相应的保证。为此,需进行的主要工作如下:

(1)确定维修性定性、定量要求及相应考核或验证方法。

(2)制订维修性大纲及工作计划。

(3)制订产品专用的维修性的规范、指南等技术文件。

(4)建立故障报告、维修性数据收集、分析和纠正措施系统。

(5)对产品的维修性进行初步分析并与费用、进度等因素综合权衡,确定为达到定性、定量要求必须采取的技术方案。

(6)在方案评审时,应将维修性作为重点内容之一进行评审。

(7)预算维修性经费。

11.2.3 工程研制阶段

本阶段的主要任务是按计划开展维修性设计、分析和试验工作。为此,需进行的主要工作如下：

(1) 进一步修改、细化和实施维修性工作计划。

(2) 在进行产品性能设计的同时，按照通用的标准或专用的规范、指南等技术文件进行维修性分析与设计，将这些特性设计到产品中去。

(3) 健全故障报告、维修性数据收集、分析和纠正措施系统，促使产品的维修性在研制阶段不断地增长。

(4) 按照合同或其他文件对承制方和供应方的产品维修性进行监控。

(5) 设计定型时，应按合同规定的方法，对维修性指标进行验证。

(6) 在组织详细设计评审和定型评审时，应对产品的维修性是否满足《研制任务书》或合同要求进行评审。

11.2.4 使用阶段

该阶段的主要任务是保持和发挥产品的固有维修性水平。为此，需进行的主要工作如下：

(1) 用户要完整、准确地收集产品现场使用和储存期间的维修性信息，按规定向承制方反馈，并提出改进的意见和建议。

(2) 承制方按合同要求做好有关技术资料、备件供应、人员培训等技术服务工作。

11.3　维修性信息收集

11.3.1　维修性信息的重要性

维修性信息可以反映产品在不同寿命阶段的维修性状况以及各种有关因素对产品维修性的影响及其变化规律。维修性信息是实施可靠性系统工程的基础，是进行维修性设计、试验、管理以及提高和保障产品维修性的重要依据。具体体现在以下几方面：

(1) 信息是提高现役装备维修性水平的重要依据。由于历史条件的限制，我军的现役装备多数缺少维修性设计环节，不少装备在使用中暴露出的故障多、寿命短、维修性和保障性差，严重地影响了装备的正常使用。为了能有针对性地改进装备存在的主要问题，提高现役装备的作战效能，近年来，在我国武器装备领域中开展的对重要质量的攻关，产品的定寿、延寿，以可靠性为中心的维修改革和翻修改革等一系列工作，就是以大量使用信息为依据进行的，并取得了重大的成果和效益。

(2) 信息是开展新产品试验、评审,实现维修性增长的技术支持。随着可靠性系统工程在我国武器装备领域中的推广,为了提高新装备的维修性水平,已经把维修性要求置于与性能同等的重要地位。为此,不但需要大量同类装备维修性信息的支持,而且还需要针对新装备在研制中的维修性状况及其存在的主要问题实施闭环控制,以保证新装备研制的顺利进行和维修性的增长。

(3) 信息是指导部队管好、用好装备,充分发挥其作战效能的重要依据。装备要充分发挥其作战效能,不但要靠本身所具有的优异的性能和高的维修性,还要依赖于在使用中不断提高使用、维修和管理水平。为此,就必须以使用中反馈的信息为依据,不断完善装备的维修方案、备件、设备、人员、技术等方面的支援保障工作,这也是一个以信息为依据的闭环控制过程。同时,这些信息也是提高承制方售后服务工作水平的重要依据。

(4) 信息是评定装备的维修性水平与宏观决策的依据。通过大量信息的综合分析,可以对一种或多种装备的维修性水平、作战效能做出客观的评定,提出装备在研制、生产和使用中存在的主要问题,这些综合性的信息,将为有关部门进行宏观决策提供科学的依据。

11.3.2 维修性信息的分类

维修性信息和所有的信息一样,按照不同的原则,从不同的角度可以有不同的分类,其目的是更好地管理和开发信息。信息分类的方法如下:

1. 按信息的来源分类

(1) 内部信息,由所管理的可靠性信息系统内部所产生的信息。

(2) 外部信息,由本维修性信息系统以外产生的与本系统维修性工作密切相关的信息。

2. 按信息的作用分类

(1) 指令信息,与维修性工作有关的来自上级的指令和规定,以及各级领导的各种决策目标和工作计划等。

(2) 反馈信息,在执行决策过程所反映决策目标的正确性或偏离程度,以及用户对产品维修性的反映等信息。

3. 按问题的影响后果分类

(1) 严重异常的质量与维修性信息,反映在产品的研制、生产、试验及使用过程中严重影响完成规定任务,导致或可能导致人或设备重大损失的质量与可靠性信息。

(2)一般异常的质量与维修性信息,反映产品在研制、生产、试验及使用过程中不满足规定要求,但不致严重影响完成规定任务和不导致人或设备重大损失的质量与维修性信息。

(3)正常的质量与维修性信息,反映产品在研制、生产、试验及使用中满足要求的质量与维修性信息。

4. 按在产品不同寿命周期中产生的信息分类

按在产品不同寿命周期中产生的信息分类,可以分为在产品的研制、生产和使用各阶段产生的可靠性信息等。

维修性信息内容繁多,在产品各个寿命周期阶段会产生大量的维修性信息。具体如下:

(1)研制任务书或合同中规定的和不同阶段产品装备的维修性指标。

(2)维修性大纲及其评审报告。

(3)维修性指标的分配及预计结果。

(4)故障报告、分析和纠正措施及其效果。

(5)性能试验、维修性验证、试车、联调联试、试航等结果与分析报告。

(6)生产中对不合格品的分析及处理情况。

(7)生产中产品验收及例行试验的合格率。

(8)产品的使用状况及故障、缺陷信息。

(9)产品的使用寿命信息。

(10)产品的维修方式、周期、工时和费用信息。

(11)维修差错及其后果统计。

(12)通用和专用保障设备的种类清单。

(13)使用维修技术资料清单、供应情况及其适用性信息。

(14)使用维修人员的技术水平统计。

(15)产品的综合分析报告等。

11.3.3 维修性信息收集

维修性信息是客观存在的,但只有将分散的、随机产生的信息有意识地收集起来,并加以处理才能利用它,使其为开展维修性与保障性工作服务。从信息工作的全过程来看,信息收集是开展信息工作的起点,没有信息就无法进行信息的加工和应用。开展信息工作的关键和难点应在于是否能做好信息的收集工作。为此,应明确做好以下工作:

(1)及时性。信息的及时性要求是由可靠性信息的时效性所决定的。信息的价值往往随时间的推移而降低,及时收集信息才能充分发挥其应有的价值。特别是影响安全、可能造成重大后果的严重异常的质量与可靠性信息,一经发现就应立即提供,以免造成重大的损失。

(2)准确性。信息的准确性是信息的生命,信息必须如实地反映客观事实的特征及其变化情况,信息失真或畸形,不但无用,还会造成信息的"污染",导致错误的结论。对信息的描述要清晰明确,避免模棱两可。因此,在采集和填写信息时,除了要加强调研工作和认真负责外,还要在信息收集过程中采取必要的防错措施,如加强信息的核对、筛选和审查,利用计算机自动查错等,以提高信息的准确性。

(3)完整性。信息的完整性是信息全面、真实地反映客观事实全貌的必要条件。为保证信息的完整性,一是要按信息的需求,内容要全,做到不缺项。因为信息之间往往是相关的,丢失一项就可能使信息失去应有的价值。二是要求信息数量上的完整,数量不足就难于找出事物的规律,而且数量多也是弥补个别信息不准确的有效措施之一。

(4)连续性。信息的连续性、系统性是保证信息流不中断以及有序性的重要条件。在产品寿命周期的不同阶段,产品的维修性水平不同,为了掌握产品维修性动态变化的规律,必须保持信息收集上的连续性。信息不连续或时断时续与信息不完整一样,难以找出变化的规律,同样会导致错误的结论。

11.4 常用的可靠性维修性国家军用标准

11.4.1 重要的国家军用维修性标准

1. GJB 451B—2021《装备通用质量特性术语》

该标准是通用质量特性专业标准中的一项重要标准,是参照 MIL – SID – 721《可靠性维修性术语及定义》制定的。该标准规定了通用质量特性等方面常用的术语及定义。这些术语按其含义分编在基本术语、故障与失效、维修、时间、参数、管理、设计与分析、试验与评价章节中。为便于检索安排了汉语拼音索引和英文索引两个附录。

2. GJB 368B—2009《装备维修性工作通用要求》

该标准是维修性专业标准体系中的顶层标准,其修订版是参照 MIL – STD – 470B《系统和设备维修性大纲》制定的,该标准规定了装备在研制、生产和改进时,实施维修性监督与控制、设计与分析、试验与评定的通用要求和工作项目,用以指导承制方制定并实施一个有效的维修性保证大纲,以实现并满足订购方提出的维修性定性、定量要求。该标准的一般要求规定了装备在实施维修性保证大纲时应遵循的基本原则,对于一个有维修性要求的装备,这些要求是必须做到的。该标准的详细要求包括三个方面(监督与控制、设计与分析、试验与评价)、三种类型(管理、工程、计算)共12个工作项目,如维修性工作评审、维修性分析、维修性与测试性验证等。标准的附录提供了有关选择和确定维修性参数与剪裁维修性工作项目的详细指南。

3. GJB 3872—1999《装备综合保障通用要求》

该标准是装备综合保障工作的顶层标准。标准规定了装备寿命周期过程中综合保障工作的通用要求和工作内容,包含了装备保障性的要求、综合保障各方面工作的要求及其具体指导。该标准是借鉴国外经验,结合我国国情制定的。由于综合保障在我国还没有比较充分而系统地开展,标准对于我国武器装备综合保障工作有重要的指导和规范作用。

4. GJB 900A—2012《装备安全性工作通用要求》

该标准是安全性专业标准体系中的顶层标准,是参照 MIL–STD–882B《系统安全性大纲》制定的。该标准规定了军用硬件系统在实施安全性管理与控制、设计与分析、验证与评价、培训以及军用软件系统安全性的通用要求和工作项目。用以指导承制方制定并实施具体型号的安全性大纲,以满足订购方提出的安全性要求。

该标准的一般要求规定了装备系统开展安全性工作时应遵循的基本原则。该标准的详细要求包括五个方面(管理与控制、设计与分析、验证与评价、安全培训、软件系统安全性)、两种类型(管理、工程)共27个工作项目,如制定系统安全性工作计划、系统危险分析、安全性评价等。该标准的附录提供了评价风险、确定风险指数的方法以及选择剪裁安全性工作项目的详细指南。

5. GJB 2072—1994《维修性试验与评定》

该标准是 GJB 368B 的重要支持性标准,它规定了维修性试验与评定的基本要求、程序与方法,对影响维修性的综合保障的各种要素也规定了定性评估的要求和方法。标准将维修性试验与评定区分为核查、验证与评价。提供维修性验证试验和维修性参数估计的多种方法,是进行维修性试验与评定的主要依据。

6. GJB 1371—1992《装备保障性分析》

该标准是综合保障领域标准体系中支持《装备综合保障大纲》(顶层标准)的一项重要标准,是参照 MIL–STD–1388–1A《后勤保障分析》制定的。保障性分析是开展综合保障工作的基础,也是联系并协调与可靠性维修性工程关系的纽带。标准规定了装备系统和设备在寿命周期内进行保障性分析和评估、确定保障资源要求的通用要求和工作项目,作为提出保障。除分析要求,确定保障性分析工作和制定保障性分析计划,是指导分析工作的基本依据。

该标准的一般要求规定了装备系统和设备实施保障性分析时应遵循的基本原则。该标准的详细要求包括五个方面(规划与控制、装备与保障系统分析、备选方案与评价、确定资源要求、保障性评估)共 15 个工作项目,如制定保障性分析工作纲要、比较分析、备选方案的评价与权衡分析、保障性试验、评价与验证等。该标准的附录提供了保障性分析与其他专业工程的接口和各工作项目之间接口的说明和剪裁保障性分析工作项目的详细指南。

11.4.2　常用的维修性国家军用标准

GJB 85—1986《机载电子设备定型试验要求》

GJB 150A—2009《军用装备实验室环境试验方法》

GJB 368B—2009《装备维修性工作通用要求》

GJB450B—2004《装备可靠性工作通用要求》

GJB451B—2021《装备通用质量特性术语》

GJB 546B—2011《电子元器件质量保证大纲》

GJB 813—1990《可靠性模型的建立与可靠性预计》

GJB 841—1990《故障报告、分析与纠正措施系统》

GJB 899A—2009《可靠性鉴定与验收试验》

GJB 900A—2012《装备安全性工作通用要求》

GJB 1032—1990《电子产品环境应力筛选方法》

GJB 1364—1992《装备费用—效能分析》

GJB 1371—1992《装备保障性分析》

GJB 1378A—2007《装备以可靠性为中心的维修分析》

GJB 1391—1992《故障模式、影响与危害性分析程序》

GJB 1406—1992《产品质量保证大纲要求》

GJB 1407—1992《可靠性增长试验》

GJB 1909A—2009《装备可靠性维修性保障性要求论证》

GJB 2072—1994《维修性试验与评定》

GJB 2547A—2012《装备测试性工作通用要求》

GJB 2961—1997《修理级别分析》

GJB 3206—1998《技术状态管理》

GJB 3334—1998《舰船质量与可靠性信息分类和编码要求》
GJB 3385—1998《测试与诊断术语》
GJB 3837—1999《装备保障性分析记录》
GJB 3872—1999《装备综合保障通用要求》
GJB 4050—2000《武器装备维修器材保障通用要求》
GJB/Z 27—1992《电子设备可靠性热设计手册》
GJB/Z 34—1993《电子产品定量环境应力筛选指南》
GJB/Z 35—1993《元器件降额准则》
GJB/Z 57—1994《维修性分配与预计手册》
GJB/Z 72—1995《可靠性维修性评审指南》
GJB/Z 77—1995《可靠性增长管理手册》
GJB/Z 91—1997《维修性设计技术手册》
GJB/Z 145—2006《维修性建模指南》
GJB/Z 299B—1998《电子设备可靠性预计手册》
GJB/Z 768A—1998《故障树分析指南》
GJB/Z 1391—2006《故障模式、影响与危害性分析指南》
GJB/Z 20517—1998《武器装备寿命周期费用估算》

参考文献

[1] 吕川. 维修性设计分析与验证[M]. 北京:国防工业出版社,2012.

[2] 曾天翔. 可靠性及维修性工程手册[M]. 北京:国防工业出版社,1994.

[3] 杨为民. 可靠性·维修性·保障性总论[M]. 北京:国防工业出版社,1995.

[4] 秦英孝. 可靠性·维修性·保障性概论[M]. 北京:国防工业出版社,2002.

[5] 市田嵩. 维修性与维修后勤保障[M]. 刘淑英,译. 北京:机械工业出版社,1988.

[6] 三根久·河合一. 维修性的数理基础[M]. 王树田,周世杰,译. 北京:机械工业出版社,1988.

[7] 章国栋. 系统维修性的分析与设计[M]. 北京:北京航空航天大学出版社,1990.

[8] 潘吉安. 可靠性维修性可用性评估手册[M]. 北京:国防工业出版社,1995.

[9] 秦英孝. 可靠性维修性保障性管理[M]. 北京:国防工业出版社,2003.

[10] 康锐. 可靠性维修性保障性工程基础[M]. 北京:国防工业出版社,2012.

[11] 谢干跃,宁书存,李仲杰. 可靠性维修性保障性测试性安全性概论[M]. 北京:国防工业出版社,2012.

[12] 陈志英,陈光. 舰船发动机维修性工程[M]. 北京:北京航空航天大学出版社,2013.

[13] 陈云翔. 维修性工程[M]. 北京:国防工业出版社,2007.

[14] PECHT M. 产品维修性及保障性手册[M]. 王军锋,陈云斌,周宪,等译. 北京:机械工业出版社,2011.

[15] 方强,王松山,祝泓,等. 基于数字样机的舰船维修性设计分析技术[J]. 中国舰船研究,2016,11(1):114 – 120.

[16] 邱仕义. 电力设备可靠性维修[M]. 北京:中国电力出版社,2004.

[17] 甘茂治. 维修性设计与验证[M]. 北京:国防工业出版社,1995.

[18] 《可靠性维修性保障性术语集》编写组. 可靠性维修性保障性术语集[M]. 北京:国防工业出版社,2002.

[19] 阿塞瑞尔特 J E,罗伯茨 J A. 电子系统的维修性[M]. 王寄蓉,钱一呈,王淼洋,译. 北京:国防工业出版社,1991.

[20] 陈永芳. 舰船认识[M]. 哈尔滨:哈尔滨工程大学出版社,2014.

[21] 张德孝. 舰船概论[M]. 北京:化学工业出版社,2013.